劳动实践指导手册

LAODONG SHIJIAN
ZHIDAO SHOUCE

手工布艺

SHOUGONG BUYI

戴敏◎著

U0340373

台海出版社

图书在版编目（ＣＩＰ）数据

劳动实践指导手册：手工布艺 / 戴敏著 . -- 北京：
台海出版社，2024.3
ISBN 978-7-5168-3777-1

Ⅰ．①劳… Ⅱ．①戴… Ⅲ．①手工艺品－布艺品－制
作 Ⅳ．① TS973.51

中国国家版本馆 CIP 数据核字（2023）第 249371 号

劳动实践指导手册 ： 手工布艺

著　　者：戴　敏

出 版 人：薛　原　　　　　　　　　　封面设计：原鹿出版
责任编辑：徐　玥

出版发行：台海出版社
地　　址：北京市东城区景山东街 20 号　　　邮政编码：100009
电　　话：010-64041652（发行，邮购）
传　　真：010-84045799（总编室）
网　　址：www.taimeng.org.cn/thcbs/default.htm
E－mail：thcbs@126.com

经　　销：全国各地新华书店
印　　刷：武汉鑫佳捷印务有限公司
本书如有破损、缺页、装订错误，请与本社联系调换

开　　本：787 毫米 ×1092 毫米　　1/16
字　　数：100 千字　　　　　　印　张：8
版　　次：2024 年 3 月第 1 版　　印　次：2024 年 3 月第 1 次印刷
书　　号：ISBN 978-7-5168-3777-1

定　　价：98.00 元

前　言

手工布艺是一种非常受欢迎的手工制作，也是生活中的创意劳动，可以用来制作各种各样的物品，如衣服、帽子、包、玩具等，通过精心的设计、巧妙的构思，呈现出造型多样、风格多变、方便实用的物品，深受手工爱好者的青睐。手工布艺集技术与艺术于一体，不仅可以提高学习者的劳动技能，提升劳动素养，还能使学习者在劳动过程中培养耐心和细致的品质，感受劳动创造美好生活的同时，体悟劳动的艰辛与乐趣。

手工布艺的种类非常多，包括针织布艺、缝纫布艺、印染布艺等，本书中主要讲解缝纫布艺及相关内容。

手工布艺是劳动课程的一个项目，属于生产劳动中的传统工艺制作任务群，具有贴近生活、取材方法、实践操作性强等特点，是学生喜欢的劳动项目之一。随着《义务教育劳动课程标准（2022年版）》的颁布，教育者在探索劳动教育落地的课程实践载体，各个层面都在开展贴近生活、基于真实情境的劳动教育，从而提高学生的劳动技能，提升学生的劳动素养，以手工布艺作为载体进行研究，具有思想性、实践性和引领性。

市面上有关手工布艺的书很多，但缺少和劳动教育相契合的指导，有别于其他书目，本书以项目为载体，基于真实的情境进行设计，关注规范的流程，并在每个项目后面附了"学习单"，这样设计不仅便于大众学习，同时也便于劳动教师授课，作为教学的参考，当然也可以作为通识课程，或者是教师培训的资料，适合各学段教师的手工布艺学习实践。总之，编写本书的主旨在于既能做教师教学的指导，又能做学生学习的学材，对学生平时的学习起过程性的引导和评价等作用。

本书主要有四个部分。前两个部分是基础篇，介绍基本知识与基本技能，后两个部分是主题篇，主要介绍具体项目载体的操作实践。

1. 基础篇：手工布艺概述

第一部分"基础篇：手工布艺概述"中介绍了手工布艺常用工具；手工布艺常见材料。通过此模块的学习，学习者对手工布艺的基础知识有所了解，为后续学习实践奠定基础。

2. 基础篇：手工布艺技法

第二部分"基础篇：手工布艺技法"中介绍了手工布艺基本手法；手工布艺基础针法；手工布艺刺绣针法。学习者通过对此模块的学习，学会手工布艺的基本技法，为后续作品设计制作做好准备。

3. 主题篇：项目作品（基础类）

第三部分"主题篇：项目作品（基础类）"分别以"书签""卡套""小挂件""钥匙包""束口袋"为载体，通过这些丰富的劳动载体开展项目化学习，在选择合适的针法完成作品的同时也巩固了劳动技能，通过作品制作体会劳动成果来之不易，从而珍惜劳动成果，体悟劳动创造美好生活的道理。

4. 主题篇：项目作品（综合类）

第四部分"主题篇：项目作品（综合类）"分别以"手绢""沙包""香囊""笔袋""收纳盒"为载体，在这些综合类作品设计与制作过程中，制作者经过亲历情境、亲手操作、亲身体验，获得丰富的劳动体验，习得劳动知识与技能，感悟和认同劳动价值，培育劳动精神。

目 录

基础篇　手工布艺概述

《现代汉语词典》对"布艺"的解释：一种手工艺，经过裁剪、缝缀、刺绣把布料制成用品或饰品等。手工布艺,顾名思义就是指用手工布做的物品，它是中国传统手工艺之一，以布为主材，经过精心的设计和制作，达到一定的艺术效果，从而满足人们的生活需求与审美标准，和生活密不可分、息息相关。

> **知识窗**
>
> 　　据考古发现，约三万年前的旧石器时代，山顶洞人就已经使用骨针缝缀兽皮；七千多年前的新石器时代，河姆渡人在使用骨针的基础上还会使用捻线和坊轮;四千多年前的良渚文化中,则出现了麻线、绸片、丝线、丝带等原始的纺织品，这些都形成了民间布艺及其用品的雏形。

一、手工布艺常用工具

工欲善其事，必先利其器，选择合适的工具能起到事半功倍的作用。手工布艺工具繁多，下面介绍一些常用的工具。

1. 剪刀

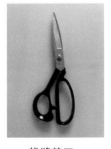
裁缝剪刀

普通剪刀

纱剪

裁缝剪刀又称裁布剪刀，刀刃锋利，分量较重，用于裁布非常轻松；普通剪刀刀身比较短，手柄部分较小，整体比较轻，出于安全考虑不会很锋利，一般用于剪纸等；纱剪常用于剪丝线和薄纱薄布，也可用来剪线头。

小贴士

裁缝剪刀的正确使用方法

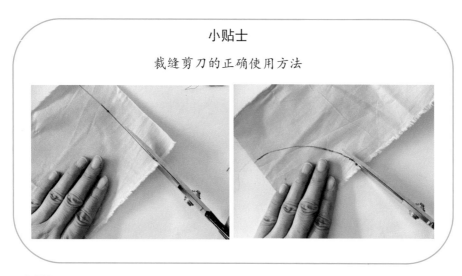

2. 划粉

传统的标记工具，有很多颜色可选，做完衣服之后可以通过水洗洗去多余的划粉痕迹。

3. 消色笔

常见的消色笔有以下三种，它们的功能略有差异，没有好坏之分，都适合手工布艺制作的临时性记号使用。

可参照下表根据使用情况选择合适的笔。

名称	作用	特点	常见颜色
气消笔	又叫褪色笔，记号暴露在空气中一定时间后会自动褪色	不会在面料上留下痕迹，颜色会挥发到空气中	红色、紫色
水消笔	又叫水溶笔，所做标记不会自动消失，但遇水即消	消失时间可控，适合需要长时间保留笔迹使用	蓝色、白色
高温消失笔	所做标记高温熨烫即可消失	无须水洗，操作方便	红色、蓝色、白色、黑色

4. 手缝针

针眼的大小、针身的粗细、针尖的锐利，这些都是手缝针的重要因素，每一种针都有它自己的用途和特点，操作时可根据所需缝制的材料来选择相应的针。

5. 尺

常用于绘图，也可以用于测量布料的尺寸、定位缝纫的位置等，从而方便裁剪。

6. 珠针、布用夹子

珠针是指针尾带有球形或其他形状阻挡物的细针，一般用于固定布料，使其不易移动，如需固定的材料比较厚，则可使用布用夹子。

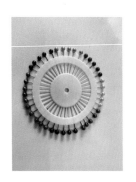 

7. 锥子

用于戳洞、掏边角、做记号等精细的操作。

8. 拆线器

又叫割线刀，凹处带有锋利刀口，用于拆除缝错的缝线，也可以用来开扣眼。

9. 镊子

常用于返口，或不容易够到的边角推直角类的精细工作。

10. 顶针

一般用铁或者铜制成，上面布满了各式各样的小坑，坑的大小可以放下一个针头大小。其作用就是顶住针的尾部，轻松把针推出去。

11. 针插

用于放针，内部为填充物，可有效预防针找不到的现象。

12. 熨斗

熨烫布料，使布料更服帖。

二、手工布艺常见材料

1. 布料

布料的种类繁多，常见的有棉布、麻布、丝绸、氨纶布、无纺布等，根据不同的分类标准，所分的类别也不一样，下图以纤维进行简单分类。

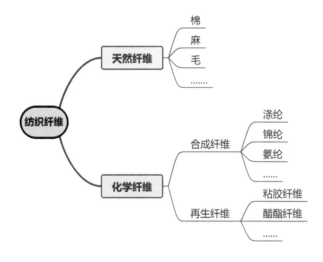

本书中主要用到两种：一是棉布，它是用棉纱织成的布，优点是柔软、透气性好，缺点是易缩易皱；二是不织布，又称无纺布，采用聚酯纤维、涤纶纤维材质生产而成，具有防潮、透气、柔韧、可循环再用等特点。

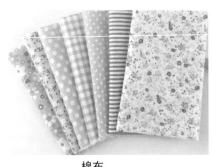
棉布

不织布

2. 线

用于面料的缝合，一般常用黑色、白色线，在制作作品时可根据需要选择彩线。

3. 铺棉

用于增加布料的厚度，或者支撑定型用，常见有两种，如下图所示。

带胶铺棉

不带胶铺棉

两种铺棉有着差异，具体见下表。

名称	不同点	相同点
带胶铺棉	只需熨烫就可以跟布料黏合，使用方便	所有铺棉都有克数，克数越小，铺棉越薄，可按需选用，一般来说小物件所用铺棉较薄
不带胶铺棉	需要压线或者其他方式跟布料结合在一起	

4. 填充棉

一种填充物，柔软，具有可塑性。

5. 其他

装饰小物品，如棉绳、花边、纽扣等。

花边

拉链

纽扣

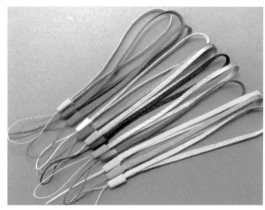

吊链

棉绳

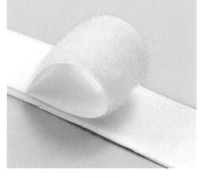

魔术贴

基础篇　手工布艺技法

一件手工布艺作品从无到有，需要经历一系列的创作过程。作品的主题、造型、材料、合适的针法等都需要进行综合考虑。本单元主要介绍手工布艺的基本手法和基础针法，旨在为项目的实施奠定坚实的基础。

一、手工布艺基本手法

手工布艺基本手法包括穿线、打起针结、捏针、打止针结。

1. 穿线

穿线时通常是左手拿针，针尾在上，将线头斜着剪掉，这样更容易穿进去，线头穿入针眼一定的长度，随即拉出。

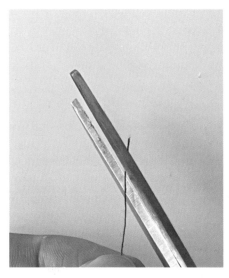 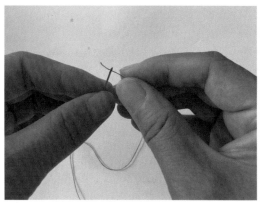

想一想

针孔外的线留多长才合适呢？

如果穿线有困难，很久也穿不进去，可以借助穿线器来完成。

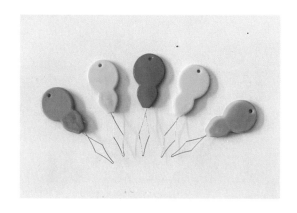

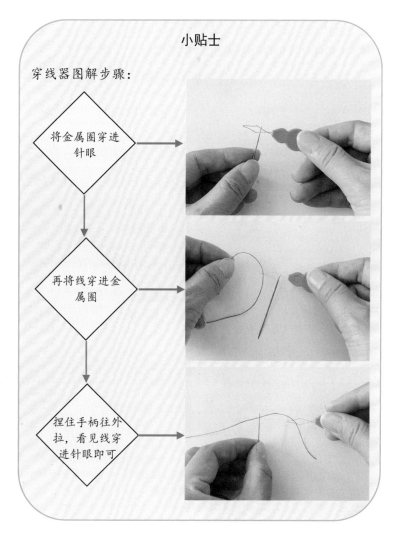

小贴士

穿线器图解步骤：

将金属圈穿进针眼

再将线穿进金属圈

捏住手柄往外拉，看见线穿进针眼即可

2. 捏针

右手的大拇指和食指捏住手缝针的中间部位，中指抵住针尾帮助缝针推向前。

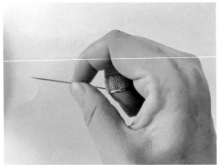

3. 打起针结

在布艺手工操作时，穿针后要打起针结，注意线结不能过大，否则会影响美观；也不能太小，否则容易从布料的空隙中直接穿过，起不到固定线头的作用。总之，起针结应做到光洁，线头在结中露出较少。起针结的具体操作步骤如下图所示。

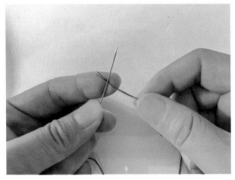

第一步：左手捏针，针尖向上，右手捏线，线头向左，针压在线头上

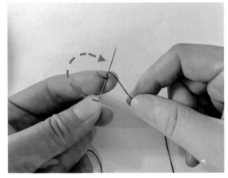

第二步：右手捏线，在针上顺时针绕2~3圈，形成线圈

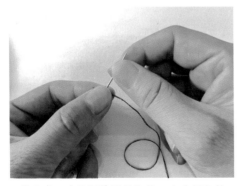

第三步：左手捏紧线圈和针，右手捏住针

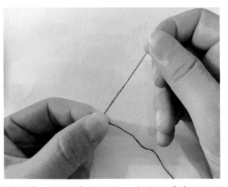

第四步：右手将针抽出，左手捏紧直到线抽完

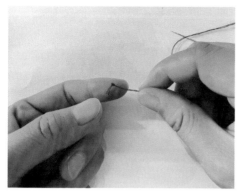

第五步：完成起针结

4. 打止针结

止针结的作用是缝制完成后防止缝线松动或脱落，具体操作步骤如下图所示。

第一步：将针压在出针点

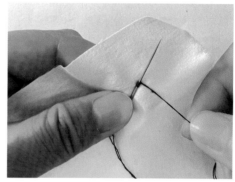

第二步：绕线2～3圈，随即拉紧

第三步：左手捏紧布、针和线圈，
右手将针抽出，直到将线抽完

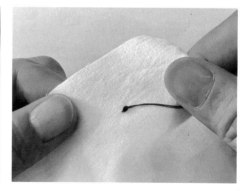

第四步：完成止针结

二、手工布艺基础针法

手工布艺基础针法包括攻针、回针、缲针、藏针等。

1. 攻针

攻针又称缝针，是手工缝纫中最基本的针法，常用于拼合布料，适合做不需要很牢固的缝合，如褶裥、缩口等。攻针的操作步骤如下图所示。

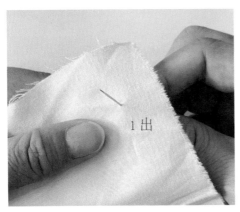
第一步：从反面出针，将线拉出

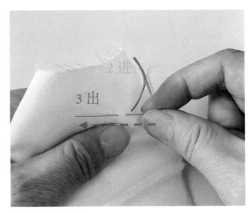
第二步：向左进一针，再出一针

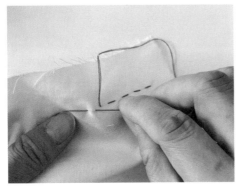
第三步：反复运针

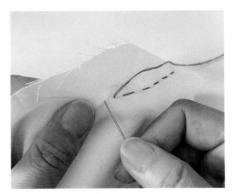
第四步：到反面收针

攻针正、反面的线迹如右图所示。

攻针的要领及要求：针迹整齐、线迹匀直、针距 0.3 ~ 0.5 厘米。

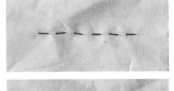

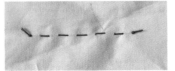

2. 回针

回针是类似于机缝且最牢固的一种手缝方法，常用来缝合牢固度要求较高的地方，如拉链等。回针的操作步骤如下图所示。

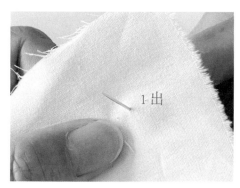

第一步：从反面出针

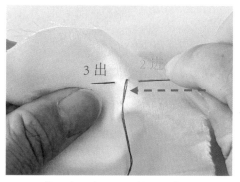

第二步：向右退一针的距离进针，再向左两针的距离出针

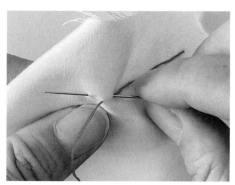

第三步：反复运针

第四步：到反面收针

回针正、反面的线迹如右图所示。

回针的要领及要求：

退一进二，针针相切，

针迹均匀，针距 0.3～0.5 厘米。

正面：线迹不重叠

反面：线迹重叠

3. 缲针

缲针又称撬针，常用于贴边的固定和暗处的缝合，如衣服的底边、脚口贴边等。缲针的操作步骤及线迹如下图所示。

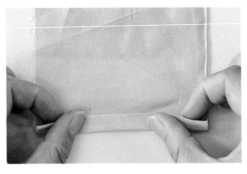

第一步：把布的毛边朝反面折进约
5毫米，再折上贴边宽度

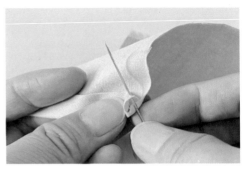

第二步：从布的夹层向上出针，将线拉出

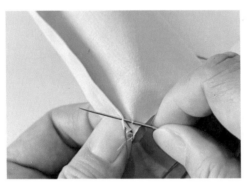

第三步：向前从下层织物挑起几根布丝，
斜向上再挑起上层卷边的几根布丝

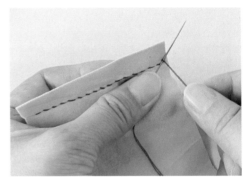

第四步：反复运针，直至最后
一针，打止针结

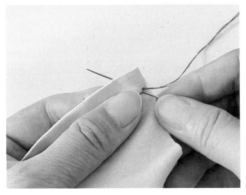

第五步：将针从夹层中穿出，
拉紧线，将线头藏进卷边里

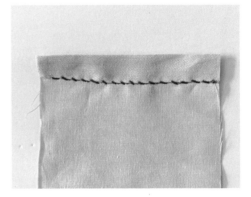

第六步：完成缲针

缲针时每次间隔的距离尽量保持一致，间隔距离越短越牢固。

4. 藏针

藏针是一种很实用的针法,能够隐匿线迹,常用于不易在反面缝合的区域,如返口的缝合。藏针的操作步骤如下图所示。

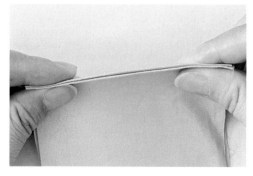

第一步:将两片织物边缘折进去后对齐

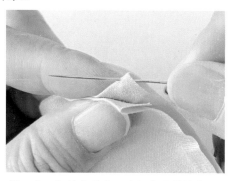

第二步:把针从其中一片织物边缘的夹层出针,隐藏起针结

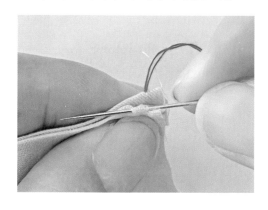

第三步:从另一片织物进针后向左一定的距离出针,长度自定

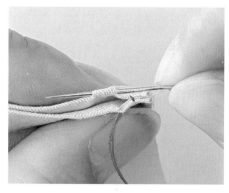

第四步:换一片织物重复前一个步骤

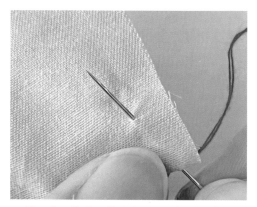

第五步:最后一针固定好后,把线头藏进两片织物之间

第六步:完成藏针,正面几乎看不见缝线

藏针运针的长度可以根据织物的厚度决定,针迹越短越牢固。

5. 贴布缝

贴布缝又称为立针，常用于将小布块贴缝在大布块上，组合运用可以创造出各种图案。贴布缝的操作步骤及线迹如下图所示。

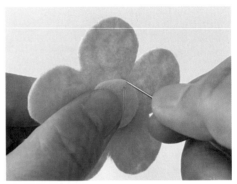

第一步：将两个布块放好，从背面距离小布块边缘3毫米处出针

第二步：贴着小布块的边缘，从大布块垂直进针

第三步：往前3毫米处从背面出针，反复运针即可

第四步：最后在反面打止针结，完成贴布缝

6. 锁边缝

锁边缝又称为锁针，适用于布料边缘的缝合，搭配不同颜色的线，还会产生较强的装饰感。锁边缝的操作步骤及线迹如下图所示。

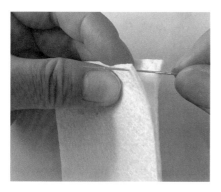

第一步：在距离布料边缘3毫米处，从两块布料中间起针，并从上一层布出针，将线拉紧

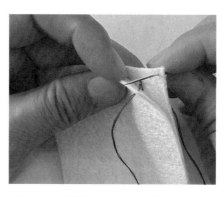

第二步：将线绕到下层布的背面，平行第一针的位置，穿到两块布中间

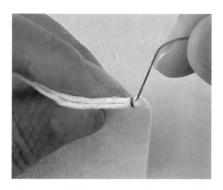

第三步：将线拉紧，注意针线在线圈的外侧，完成第一针

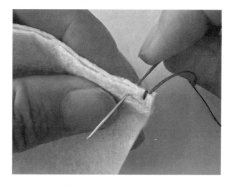

第四步：第二针与前一针间隔约5毫米，从背面直接穿过两层布

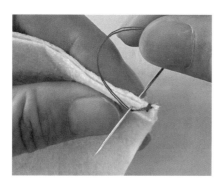

第五步：将线从针尖下方绕过后再出针，然后将线拉紧，完成第二针

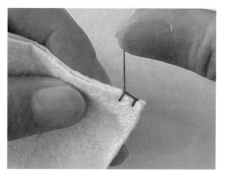

第六步：拉紧后调整一下线与线之间的松紧，然后继续缝制

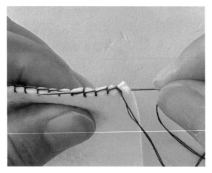

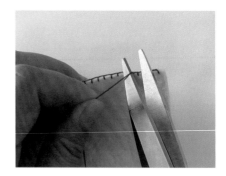

第七步：收尾时不用打结，只要将针往回插进已经缝合好的边缝里

第八步：将针线拉出后，再将线剪断，完成锁边针

三、手工布艺刺绣针法

刺绣又称针绣，俗称"绣花"，以绣针引彩线，按设计的花样，在织物上刺缀运针，以绣迹构成纹样或文字，它是中国优秀的民族传统工艺之一。刺绣的历史源远流长，据《尚书》记载，四千多年前的章服制度，就规定"衣画而裳绣"；另在《诗经》中也有"素衣朱绣"的描绘。宋代时期崇尚刺绣服装的风气，已逐渐在民间广泛流行，这也促使了中国刺绣工艺的发展。明代刺绣已成为一种极具表现力的艺术品，逐渐产生号称四大名绣的苏绣、粤绣、湘绣、蜀绣。

刺绣的针法在手工布艺作品中有着非常重要的作用，这里介绍几种简易的常用刺绣针法。

1. 别梗针

别梗针是表现线条的针法，针针相扣、成拧麻花状，用于表现花样中的细线条直线和曲线。它是倒退针，针距为 0.2 厘米，转弯处可略短些，线条紧靠连成条纹。

别梗针的操作步骤及线迹如下图所示。

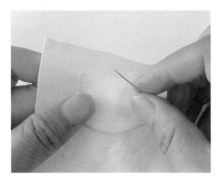

第一步：从花样顶端从下往上起针，将线拉出，左手拇指压住线

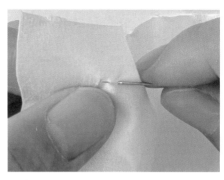

第二步：在离第一针右端4毫米处进第二针，再从第一针和第二针中间出第三针，将线拉出

第三步：左手拇指压线，右手捏针从离第二针2毫米处进针，再从第二针处出针

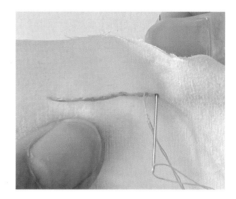

第四步：反复循环运针，最后到反面收针，完成别梗针

2. 打籽针

用线条绕成粒状小圈，绣一针，形成一粒"籽"，故名打籽针，一般用于花样中的小圆点，如花蕊、花粉或点状花样。 打籽针的操作步骤及线迹如下图所示。

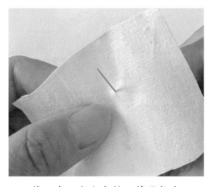

第一步：点上出针，将线拉出

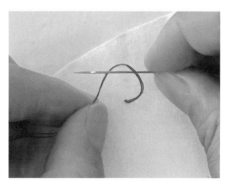

第二步：左手拿线，如图所示方向将线在针上绕两圈，随后拉紧线圈

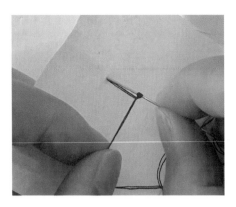

第三步：在原点附近1毫米处进针，左手拉线，确保针上的线圈不松散

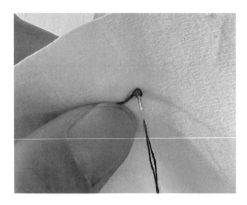

第四步：左手拇指压住线，右手将线全部拉出，完成打籽针

完成的打籽针如右图所示。

主题篇　项目作品（基础类）

　　本单元主要设计了五个作品，均是贴近生活的一些小制作，具体有书签、卡套、小挂件、钥匙包、束口袋，跟本单元的"基础"属性相契合。这个部分的作品都是生活中熟悉的物品，且它们的制作也相对容易，制作者可以根据书中的指引，按部就班来完成，从而获得一种自我认同感，这为后续的作品制作奠定了良好的基础。

　　在开展本单元学习时，除了可以模仿书中的案例外，也可以根据相应的流程，结合自己的想法进行创新设计，完成一个独特的个性作品，相信这样的作品更加能激发制作者的热情，增强其自豪感。

卡套

钥匙包

小挂件

　　本书中的作品均以项目作品为载体，采用项目式学习的方法。项目式学习作为一种新兴的学习形态，日益受到人们关注。相比于传统教学模式，项目式学习拥有独特的优势与价值。项目式学习创新了劳动教育实施方式，为劳动教育政策落地提供支持。[1] 本单元以不同的项目作品作为载体，设计了不同的项目主题，通过这样的方式促进劳动兴趣的培养和知识技能的学习，落

1.桑国元，叶碧欣，王翔.《项目式学习：教师手册》[M].北京：北京师范大学出版社，2023

实劳动素养。

在项目化学习中，通常会有一个驱动性问题，这一问题是用来组织和激发学生的项目化学习的。这种驱动性问题既要与学生的真实生活经验建立联系，又要具有一定的挑战性，能够激发学生的探究热情。[2]基于此，项目实施时均设置了"情境导入"环节，旨在创设真实生活情境，发现自身需求，从而解决真问题。除此之外，根据劳动实践的特点，在每个项目中还设置了"劳动准备""劳动实践""拓展与思考"等环节，意在通过这个环节的贯彻落实，促进项目的落地。

基于真情境的问题能够激发学生的兴趣，促使他们去完成相应的项目，解决实际问题。项目实施过程中一般需要经历设计、制作等流程，具体见下图所示，在后续的项目实施过程中可参照下图开展相关活动。

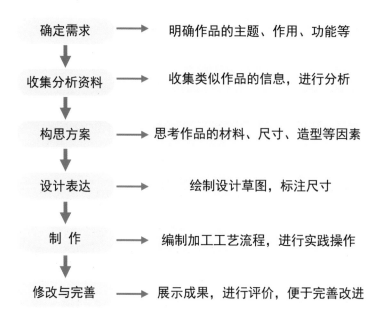

2.张悦颖，夏雪梅.《跨学科的项目化学习："4+1"课程实践手册》[M].北京：教育科学出版社，2019

项目一 书签

书签是一种阅读时用到的标签，夹在书中用来记录阅读进度，在日常生活中，我们可以利用随手可得的物品，如一张纸、一片树叶作为书签，也可以通过购买获得，当然，还可以利用自己掌握的技能来制作独一无二的个性书签。

情境导入

同学们都有爱阅读的好习惯，面对一本喜欢的书，如果时间允许，你肯定会一气呵成读完，但很多时候只能利用片段时间来阅读，这时候就需要一个书签，帮助我们标注好当前的阅读位置。

那就运用我们灵巧的双手，给书制作一个好朋友——书签吧。

劳动准备

一、项目规划

1. 收集资料，了解常见的书签类型。

常见的书签有纸质、植物叶片、金属材料制作等，在阅读电子书时也可应用电子书签来做标记。

布艺书签

树叶书签

折纸书签

2. 确定方案，绘制设计草图。

本项目中制作布艺书签，选材时可以选择棉布，也可以选择无纺布；形状可以是长方形，也可以椭圆形、扇形等。综合考虑后确定方案，确定尺寸等因素，绘制出草图。

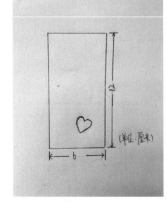

形状	长方形
尺寸	12 厘米 × 6 厘米
材质	无纺布
装饰	贴布
其他	

二、工具与材料

准备好尺、彩色无纺布、剪刀、针、彩色线等，如下图所示。

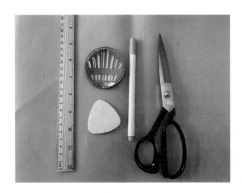 

劳动实践

一、绘制裁剪图

根据设计的草图，绘制出裁剪图。

注意：书签有前片和后片两块，尺寸相同，可采用不同颜色的无纺布。

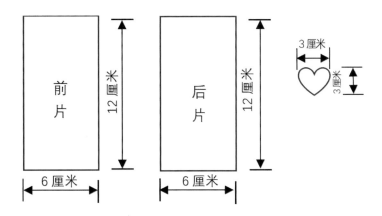

二、画样、排料与裁剪

1. 按照裁剪图在无纺布上用划粉、水消笔画样，注意贴边取材。

2. 裁剪。操作时注意安全。

三、缝制流程

1. 缝合前片装饰物

将心形图案放置到前片上的相应位置，采用合适的针法完成缝制（见下左图）。下图中采用了贴布缝（下右图为放大图，可见贴布缝的针迹）。

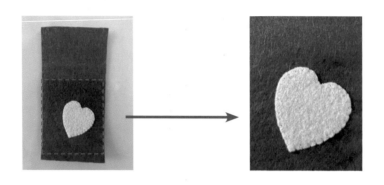

2. 缝合前片与后片

如下图所示，采用锁边缝依次完成四条边的缝合。

四、项目完善

在使用书签时，为了不用翻开书立刻就能找到书签的位置，可以在书签上加上绳子，书签夹在书中时，露出绳头即可。安装绳子的方法有多种，这里我们采用打孔安装的方法。具体见下图。

拓展与思考

下图展示了另外两个书签，非常有趣吧，你能根据之前制作书签的经验，尝试制作它们吗？相信你肯定还有很多的创意，立刻行动吧。

 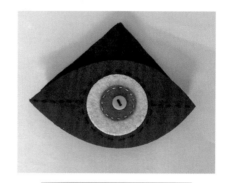

学习单

【学习目标】

1. 能根据实际需求绘制书签的设计草图、裁剪图；

2. 掌握贴布缝、锁边缝等针法，选择合适的针法完成书签的制作；

3. 通过书签的设计与制作，感受劳动创造价值。

【项目前置任务】

搜集书签的相关信息，完成下表。

书签的造型（画一画）	书签的材质

【任务一】绘制书签的设计草图

要求：画出造型，标注尺寸。

【任务二】绘制书签的裁剪图

书签的 _____，尺寸：_____。

书签的 _____，尺寸：_____。

书签的 _____，尺寸：_____。

【任务三】编制书签的制作工艺流程

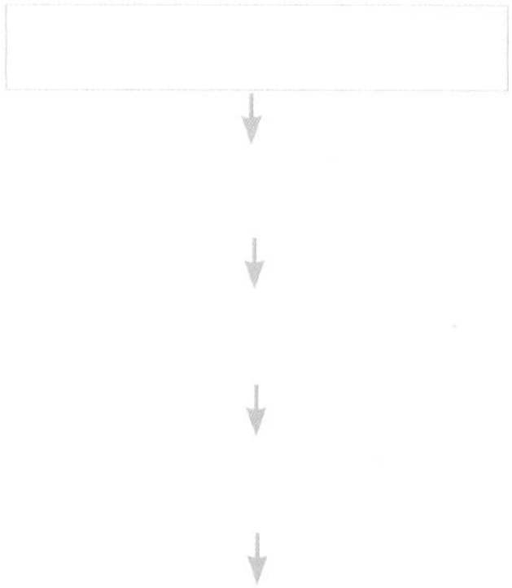

请根据书签的结构，编制合理的工艺流程，
填入右边的流程图中。

【任务四】按照制作工艺流程完成书签的制作

1. 制作书签时：

缝制_____可以运用_____技能（针法）。

缝制_____可以运用_____技能（针法）。

2. 制作时，遇到了什么困难？

【任务五】书签的完善

1. 使用书签时，我发现了 _____

2. 如何不翻开书就能发现书签的位置？_____

可采用_____方法。

【项目评价】请根据书签劳动项目实践情况进行自我评价，在评价表中相应的位置画"☆"（很好☆☆☆，好☆☆，还需努力☆），完成后请同学或老师进行评价。

评价内容		评价标准	自我评价	他人评价
劳动观念		积极参与		
劳动能力	设计规划	设计合理		
		草图清晰		
	整体效果	美观大方		
		尺寸合适		
		使用方便		
	运针技法	针法恰当		
		针脚整齐		
		针距均匀		
劳动习惯和品质		桌面整洁		
		工具归位		

【项目实践体会】

_____

_____

【项目拓展】

你还能想到什么类型的书签？需要哪些材料来完成制作呢？有时间可以继续尝试，制作出不同种类的书签。

项目二　卡套

生活中我们使用过很多的卡，如学生证、交通卡、银行卡、社保卡等，如果保管不当造成卡片的磨损甚至损坏，就无法正常使用，如果把卡片装进卡套就能解决这些困扰，保护卡片的同时也起到美观的作用。

情境导入

由于就餐卡看上去没什么区别，在学校食堂用餐时一不小心就有可能拿错，为了避免这种情况，我们可以给自己的就餐卡做一个独一无二的专属卡套，开始行动吧。

劳动准备

一、项目规划

卡套的主要作用是保护卡片不受损伤，所以在前期一定要测量好卡片的尺寸，根据实际尺寸来进行设计。除异形卡片外，大部分的卡片尺寸相同，但在确定卡套尺寸时，还需以实际测量尺寸为准，在此基础上进行卡套的方案构思。

本项目中卡套可选用无纺布作为主材料，卡套呈长方形，能完全包裹住卡片，起到很好的保护作用，但有时候需要取出卡片时也会带来不便，因此考虑在长方形卡套的开口处做一个半圆形的凹口，方便取出卡片。装饰部分采用贴布和刺绣的方式，呈现出可爱的大眼睛图案，具体如下图所示。

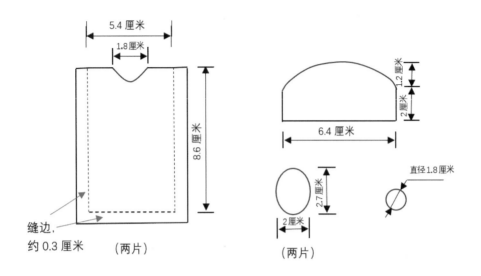

缝边,
约 0.3 厘米　　（两片）

（两片）

二、工具与材料

准备好尺、彩色无纺布、剪刀、针、彩色线、针插等，如下图所示。

劳动实践

一、绘制裁剪图

根据设计的草图，绘制出裁剪图。前片和后片尺寸相同。图中虚线到实
线为缝边，由于采用锁边针，所以这里缝边预留约 0.3 厘米。

二、画样、排料与裁剪

1. 裁切裁剪图，将纸样铺在无纺布上，进行排料、画样，注意贴边取材。

 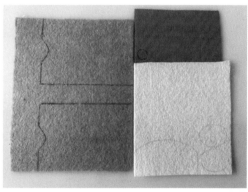

2. 裁剪

裁剪好的零件如右图所示。

二、制作流程

1. 缝绣前片装饰物

缝绣眼睛的线条：

在两块椭圆形无纺布上用别梗针完成眼睛线条的缝绣。

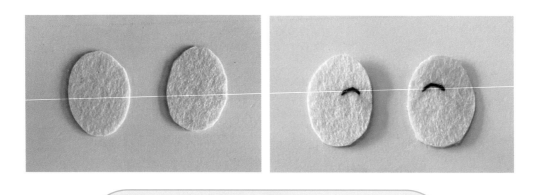

想一想

眼睛线条的缝制还可以用什么针法来完成？

2. 缝装饰物

采用贴布缝的方法完成前片所有装饰物的缝合，缝合前注意相关零件的摆放位置，先试摆放，位置合适后再进行缝合，顺序及实物图可如下所示。

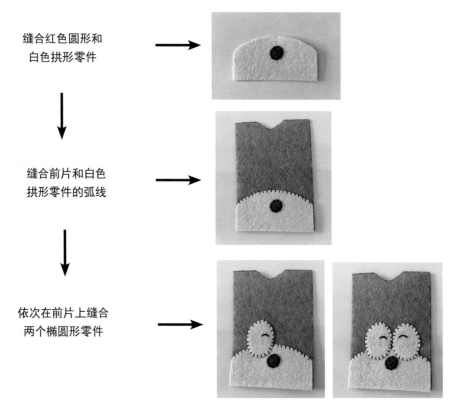

缝合红色圆形和
白色拱形零件

↓

缝合前片和白色
拱形零件的弧线

↓

依次在前片上缝合
两个椭圆形零件

3. 缝制卡套周边

叠合前片和后片，用锁边缝进行缝合，从卡套一侧开口处开始，依次完成三条边的缝合，如下图所示。

最后完成了专属的卡套，立刻拿出你的卡片来试试吧。

拓展与思考

同学们，看着自己的个性卡套肯定充满了成就感吧。但这个卡套只能放一张卡片，如果再随身携带交通卡，那这个卡套就缺了一个位置。请思考如果需要增加卡位，制作一个多卡位的卡套又该如何实现呢？

学习单

【学习目标】

1. 能根据实际进行卡套的草图设计，合理安排制作工艺流程；

2. 掌握贴布缝、锁边缝等针法，选择合适的针法完成卡套的制作；

3. 通过卡套的设计与制作，懂得劳动服务于生活的道理，体验劳动的快乐。

【任务一】测量卡的尺寸（单位：厘米）

长：_____   宽：_____   厚：_____

【任务二】绘制卡套的设计草图

要求：（1）画出卡套的造型；（2）标注好尺寸。

【任务三】绘制卡套的裁剪图

要求：裁剪图要考虑留好缝边，并且和卡的尺寸相匹配。

【任务四】编制卡套的制作工艺流程

给缝制内容按照工艺流程的先后进行编号，并填入合适的针法。

制作顺序	缝制内容	缝制针法
＿＿＿＿＿＿	缝合前片和后片	＿＿＿＿＿＿
＿＿＿＿＿＿	缝合装饰图案	＿＿＿＿＿＿
＿＿＿＿＿＿	缝绣个性图标	＿＿＿＿＿＿

【任务五】按照制作工艺流程完成卡套的制作

制作时，遇到了什么困难？

问题1：＿＿＿＿＿＿＿，如何解决？＿＿＿＿＿＿＿。

问题2：＿＿＿＿＿＿＿，如何解决？＿＿＿＿＿＿＿。

【项目评价】请根据卡套劳动项目实践情况进行自我评价，在评价表中相应的位置画"☆"（很好：☆☆☆，好：☆☆，还需努力☆），完成后请同学或老师进行评价。

评价内容		评价标准	自我评价	他人评价
劳动观念		积极、主动参与		
劳动能力	设计规划	草图尺寸正确		
		裁剪图留有缝边		
		排料科学合理		
	整体效果	大小适宜		
		配色协调		
		使用方便		
	运针技法	针迹匀称		
		线迹平服		
		针法合适		
劳动习惯和品质		主动整理桌面		
		规范工具归位		
		认真完成任务		

【项目实践体会】

_____

【项目拓展】制作多卡位卡套

项目三　小挂件

挂件是一种可以挂在物品上的装饰品，其种类繁多，用途也各不相同，它可以是一个小巧的吊坠，也可以是一件大而华丽的物件。按照材质可以分为金属挂件、珠宝挂件、木质挂件、陶瓷挂件、布艺挂件等，无论何种材质的挂件，都有其含义和用途。

情境导入

同学们使用过 U 盘吧，如果你和同桌用的是同一款，是不是就会分不清楚呢？如果给 U 盘加上一个小挂件，立刻就能解决这种困扰，同时拿着也会更方便。当然，制作出的小挂件也可以挂在笔袋、书包上，起到美化的作用。

劳动准备

一、项目规划

本项目的方案构思重点考虑的是小挂件的造型、尺寸等，确定以"可爱的脚丫"为造型，再根据挂件的主件确定大小，如挂在书包上尺寸可大一点，挂在笔袋上可小一点，挂在 U 盘上可以再小一点，具体以挂好挂件后协调为宜。

下面以 U 盘的熊掌挂件为例，绘制出草图。

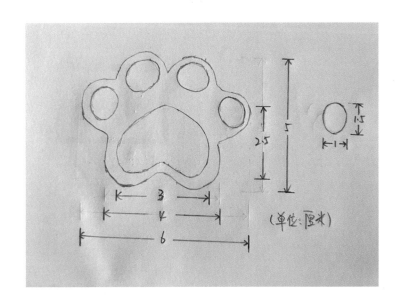

二、工具与材料

准备好彩色无纺布、剪刀、针、彩色线、填充棉等，如下图所示。

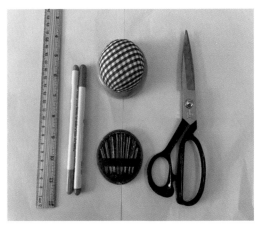 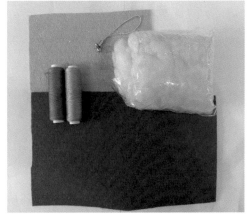

劳动实践

一、绘制裁剪图

根据设计的草图，绘制出裁剪图，其中脚掌主体两片、脚心一片、脚趾四片。

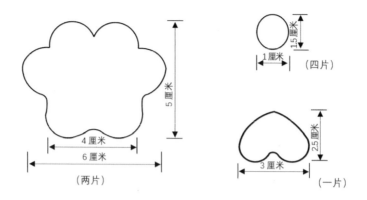

二、画样、排料与裁剪

裁切裁剪图，将纸样铺在无纺布上，进行排料、画样，注意贴边取材。

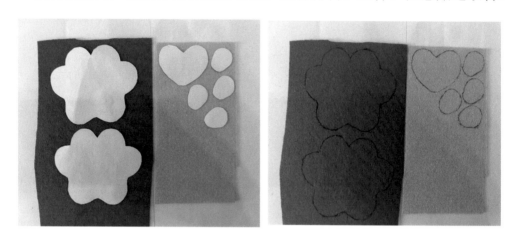

裁剪后的部件如下图所示。

三、缝制流程

1. 缝合前片装饰物

（1）取出一片脚丫主体（前片），缝制脚心图案。

将心形图案放置到前片上相应位置，采用合适的针法完成缝制。

（2）在前片上依次完成四片脚指头布料的缝制。

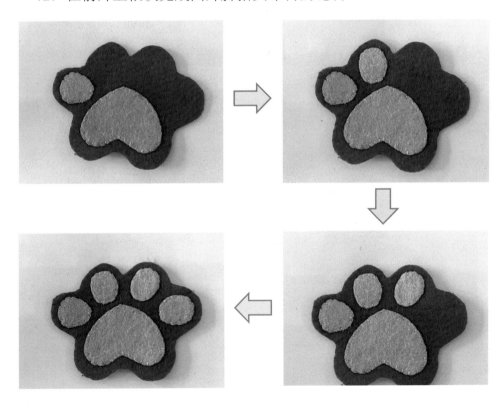

2. 缝合前片和后片

采用锁边针缝合前片和后片，注意两点：

（1）为方便安装吊链，可以利用边角料做一个吊链口，具体操作为：剪一个细长条→对折→放在合适的位置→缝合。

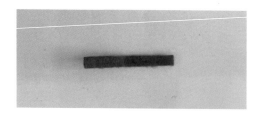 

（2）完全缝合结束前需留一定的空隙用于塞填充棉，然后完成缝合。

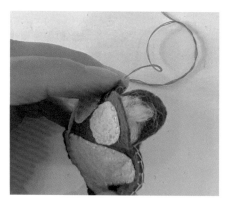 

3. 装上吊链，挂在U盘上，也可以挂在笔袋上。

拓展与思考

可爱的小挂件已经完成了，挂在你的 U 盘、笔袋上肯定是增色不少，起到了美化和标识的作用，如果在小挂件里面放置如下图所示闪烁的 LED 小彩灯，则会增加光线效果，你还知道哪些方法可以来优化小挂件吗？

学习单

【学习目标】

1. 能根据实际需求进行小挂件的设计和制作；

2. 掌握贴布缝、锁边缝等针法，完成小挂件的制作；

3. 通过小挂件的设计和制作，感受劳动创造美好生活的道理。

【任务一】绘制小挂件的设计草图

画出小挂件设计草图，要求标注尺寸。

【任务二】绘制小挂件的裁剪图

根据设计图，绘制出裁剪图，此时可以把所有的部件样板裁剪好，再进行排料。

在小挂件中，发现了相同的部件 _____

如果想提高裁剪的效率，可采用什么方法？

_____

【任务三】编制小挂件的制作工艺流程

1. 请根据小挂件的结构，编制合理的工艺流
程，填入右边的流程图中。

2. 思考下列几个问题。

（1）在缝合时是否能够一缝到底，为什么？_____

（2）如果不是一缝到底，具体该怎么实施？_____

（3）下图为小挂件的吊链安装的两种方法。

比较这两种方法有何不同？你会选择哪一种？为什么？

_____

【任务四】按照制作工艺流程完成小挂件的制作

制作小挂件时：

缝制_____可以运用_____技能（针法）

缝制_____可以运用_____技能（针法）

缝制_____可以运用_____技能（针法）

【项目评价】请根据小挂件劳动项目实践情况进行自我评价，在评价表中相应的位置画"☆"（很好☆☆☆，好☆☆，还需努力☆），完成后请同学或老师进行评价。

评价内容		评价标准	自我评价	他人评价
劳动观念		积极参与		
劳动能力	设计规划	设计新颖		
		草图清晰		
		尺寸明确		
	整体效果	造型生动		
		配色合适		
		大小适中		
	运针技法	针法恰当		
		针脚整齐		
		针距均匀		
劳动习惯和品质		桌面整洁		
		工具归位		

【项目实践体会】

_____

_____

_____

【项目拓展】

如果想增加小挂件的功能，你有什么好方法来实现呢？

项目四　钥匙包

钥匙包，顾名思义就是装钥匙的包，它的种类有很多，按材质有真皮、布料、PVC 等；按功能有只能放钥匙的，也有多功能的。不管哪一种钥匙包，在注重实用性的基础上同时也应注重它的美观性。

情境导入

夏日炎炎，手爱出汗，拿到钥匙总是黏腻腻的，给钥匙穿上"外衣"，既可以起到有效抵抗撞击，防止损坏或划伤其他物品的作用，同时也可以作为一种小装饰品。接下来请为自己的家人制作一个钥匙包作为礼物，给他们一份意外的惊喜吧。

劳动准备

一、项目规划

钥匙包种类繁多，这里以抽绳式钥匙包为例。首先要确定钥匙包里面需要容纳钥匙的数量（体积），然后才能确定钥匙包的尺寸。综合考虑后绘制草图如下。

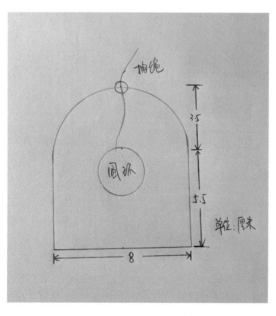

二、工具与材料

准备好棉布、铺棉、棉绳、金属环、针、线、剪刀、尺等，如下图所示。

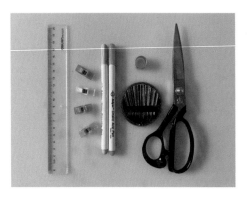 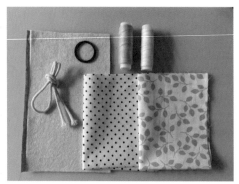

劳动实践

一、绘制裁剪图

草图中标注的是成品的尺寸，在绘制裁剪图时需考虑预留1厘米左右的缝边，即图中虚线到实线的距离。由于选用的棉布较软，可加入铺棉，再加上里布。铺棉尺寸和作品相同，表布、里布则沿着边增加1厘米。

如图所示，

铺棉按虚线尺寸裁剪；

表布、里布按实线尺寸裁剪。

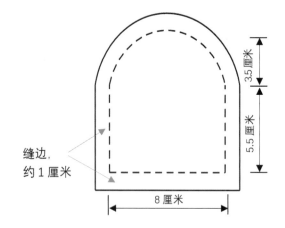

想一想

为什么选择棉布？选择无纺布可以吗？为什么要预留约1厘米的缝边？

二、画样、排料与裁剪

以其中一块布料为例，将纸样放到材料上画样，然后裁剪，得到六个部件。

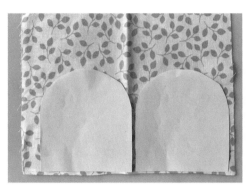

三、制作流程

此钥匙包是由完全相同的两片缝合而成的，在制作时首先要完成其中一件的制作，再进行缝合。这里把白底粉色花样布作为表布，白底黑色圆点布作为里布，便于接下去的描述。

1. 制作两个部件

（1）撕开铺棉上的胶带，贴在表布的反面，尽量居中。

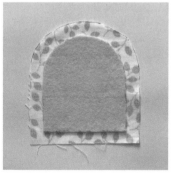

（2）将里布的正面对准表布的正面，重合后可借助布用夹子固定边缘，按照铺棉的边缘进行缝合，注意起针和止针处可多缝几针。

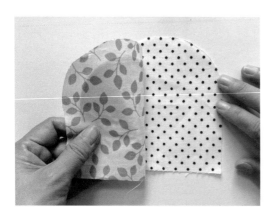 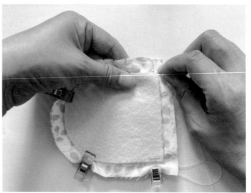

（3）用剪刀沿着边缘剪几道，注意不要剪到缝合线。

 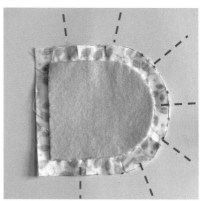

想一想

翻到正面之前为什么要如上图所示剪几下呢？

（4）从底部未缝合的返口翻到正面，沿铺棉的边缘折叠表布和里布，对齐后用藏针法完成缝合。

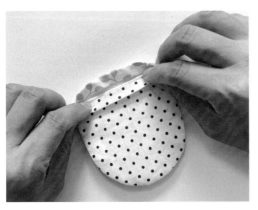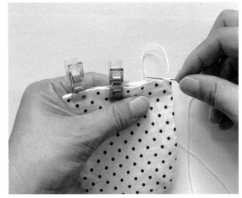

（5）用同样的方法完成另一个部件。

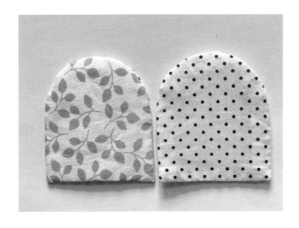

2. 缝合两个部件

（1）找抽绳的位置

分别将两个部件对折，找准中间位置，在里布上做好标记，此处为顶端的抽绳位置。根据抽绳的直径，以标记点为中心预留相应的宽度，这里预留0.8厘米左右。

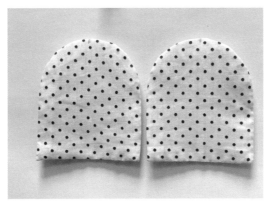

（2）缝合钥匙包的一条边

将两个部件的正面相对，对齐。为了避免一缝到底，此时可沿标记处约0.4厘米向底部用藏针进行缝合。这里应在表布上进行藏针缝，里布就完全隐藏起来了。

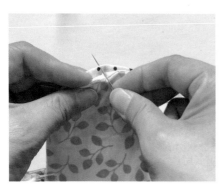 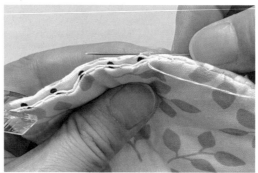

（3）装抽绳、金属环

抽绳对折后一端打结，另一端绕到金属环上，夹到两个零件中间。

（4）缝合钥匙包的另一条边

参照之前一条边，从顶部标记处附近开始，沿着表布进行藏针缝。

一个可爱的钥匙包就完成了。

四、完善与改进

钥匙包的作用是装进钥匙，起到保护的作用，但有时也会出现如右图所示的情况，即钥匙总是会从钥匙包内"溜"出来，我们要想想办法来解决这个问题。

解决这个问题的关键在于要控制好钥匙包内抽绳的长度，当装入钥匙后使其不能随便变化，解决的方法有很多，如在钥匙包合适的位置钉纽扣。下图中在钥匙包上缝上一颗花朵形的大装饰扣，当钥匙放入后将抽绳拉到顶部，再系到纽扣上，就能固定了。

想一想

钥匙包完成后再钉纽扣，不太容易操作，因此需要我们在设计作品时尽量考虑周全，调整一下制作的流程，钉纽扣该放到哪一个步骤呢？

拓展与思考

除了钉纽扣的方法外，还可以使用其他材料，如暗扣、魔术贴等，你还有什么其他的改进方案吗？

学习单

【学习目标】

1. 能根据需求进行钥匙包的草图设计，合理安排制作工艺流程；

2. 掌握攻针、藏针等针法，运用合适的针法完成钥匙包的制作；

3. 通过钥匙包的设计和制作，体验劳动带来的喜悦与成就感。

【项目前置任务】

1. 你知道钥匙包的功能及用途吗？

　　　　　　　　　　　　　　　　　　

2. 对钥匙包的调查

【任务一】绘制钥匙包的设计草图

要求：标注各部分的尺寸。

【任务二】绘制钥匙包的裁剪图

要求：标注各部分的尺寸。

【任务三】编制钥匙包的制作工艺流程

请根据钥匙包的结构，编制合理的工艺流程。

例：分别缝制两个部件（攻针）→做标记（装绳子用）→缝制一边线（藏针）→装抽绳和金属环→缝合另一边（藏针）

【任务四】按照制作工艺流程完成钥匙包的制作

1. 制作钥匙包时：

缝制钥匙包的里布、表布时，可以运用_____技能（针法）

缝合两个部件时可以运用_____技能（针法），此时要注意

2. 制作时，遇到了什么困难？

_____

【任务五】钥匙包的完善

1. 使用钥匙包时，我发现了＿＿＿＿＿＿＿＿＿＿＿＿＿＿

2. 如何让钥匙装进包内不自动掉下来呢？＿＿＿＿＿＿

可采用＿＿＿＿＿＿方法

【项目评价】请根据钥匙包劳动项目实践情况进行自我评价，在评价表中相应的位置画"☆"（很好☆☆☆，好☆☆，还需努力☆），完成后请同学或老师进行评价。

评价内容		评价标准	自我评价	他人评价
劳动观念		积极参与		
劳动能力	设计规划	设计合理		
		草图清晰		
		尺寸明确		
	整体效果	美观大方		
		大小合适		
		使用方便		
	运针技法	针法恰当		
		针脚整齐		
		针距均匀		
劳动习惯和品质		桌面整洁		
		工具归位		

【项目实践体会】

＿＿＿＿＿＿＿＿＿＿＿＿＿＿＿＿＿＿＿＿＿＿＿＿＿＿

＿＿＿＿＿＿＿＿＿＿＿＿＿＿＿＿＿＿＿＿＿＿＿＿＿＿

＿＿＿＿＿＿＿＿＿＿＿＿＿＿＿＿＿＿＿＿＿＿＿＿＿＿

【项目拓展】

尝试使用其他材料来改进钥匙包，让钥匙放进去之后不滑出来。

项目五　束口袋

束口袋又叫抽绳袋、收口袋等，叫法比较多，它利用绳子收紧袋口，是一种方便实用的收纳袋，适用于各种场合。使用束口袋可以将物品整齐有序地收纳起来，方便取用，其使用也很简单，只需将物品装入袋中，拉紧束口即可。

情境导入

同学们在假期一定会跟家人出去旅游吧，旅游是一件非常开心并且有意义的事情，出行之前需要做很多的工作，比如要准备带很多的物品，如衣物、鞋子、洗漱用品等，为方便实用，这些物品可分类放置。对于一些特别小、比较难找的物品，如果将它们放入束口袋，是不是方便很多呢？那我们就来制作一个合适的小物件束口袋吧。

劳动准备

一、项目规划

本项目可以从最简易的束口袋入手，其基本形状如下图所示。所需材料也比较简单，可以找一些零散布料，用两块布料拼布，也可以用一块大的布料来完成，其大小一般根据所需容纳的物品而定。本项目拟制作一个主体为15厘米×15厘米的束口袋，如下图所示，靠上部收口，且收口上部留有2厘米左右的边。

二、工具与材料

准备好尺、剪刀、针、珠针、发卡、布、缝纫线、玉线、小珠子等，如下图所示。

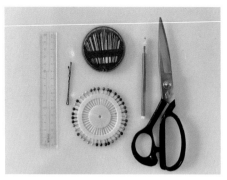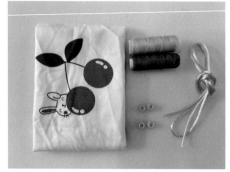

劳动实践

一、绘制裁剪图

制作此束口袋可以采用两片完全一样的布拼合而成，也可以采用一片布，折叠后进行裁剪、制作，这里采用第二种方法。主体尺寸为15厘米×15厘米，中间1.5厘米为束口位置，束口的上面留2个厘米的边，所以顶部要预留6厘米的高度，左右两侧分别留0.5厘米左右的缝边，具体见下图。

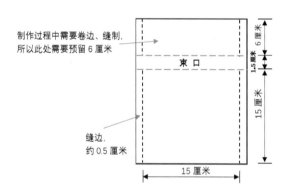

制作过程中需要卷边、缝制，所以此处需要预留6厘米

束口

缝边，约0.5厘米

6厘米

1.5厘米

15厘米

15厘米

想一想

顶部预留的6厘米是怎么计算出来的？

二、画样、排料与裁剪

准备一块布料，裁剪成 16 厘米 ×46 厘米，沿着短边正面相对对折，使布的反面朝外，在其中的一面按照裁剪图进行画样即可。

三、制作流程

1. 缝合袋身

这里需分四次进行缝合。用珠针固定住缝合线，为避免一缝到底，建议从四个交点 1、2、3、4 分别往两边用回针进行缝合，完成后如下图所示。

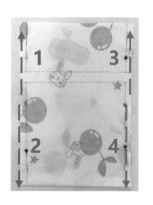 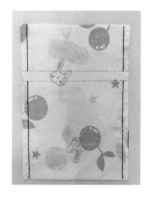

翻到另外一面，更加清晰地看到回针的反面线迹，此时可以画出中间两条束口线，便于后续操作。

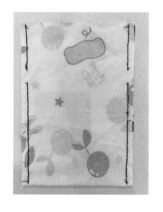 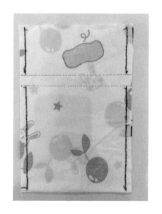

2. 缝合袋口

（1）折毛边。将袋口的毛边折进去 0.5 厘米，可借助指甲压平。注意袋身的缝合处也要从中间分开后再进行折叠，如右下图中虚线框内所示。完成袋口的折叠。

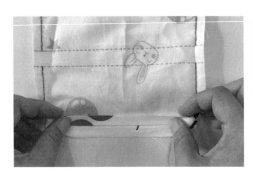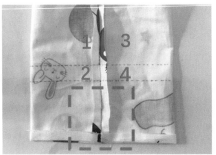

（2）将折好的边缘对准束口的下面一条线，即点 1 和点 3 在线上边，注意此时袋身缝合处也要分开后再对齐，如下图所示。

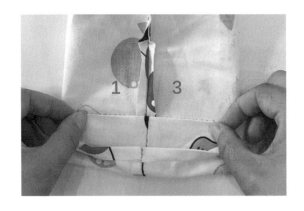

（3）选择合适的针法缝合。

如右图所示，选择用缭针来完成。

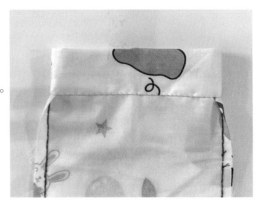

3. 完成束口

（1）离缲针上面 1.5 厘米处，即原先点 2 和点 4 的连接线，用攻针缝合一圈。

（2）装束口绳。如没有穿线器可借助发卡来完成，具体步骤如下。

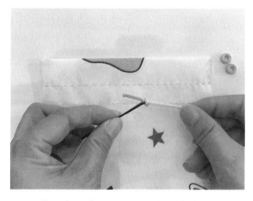

第一步：将绳子穿进发卡，打个结

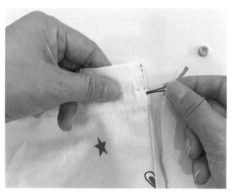

第二步：从一侧穿进发卡

第三步：从同一侧拉出发卡

第四步：取出发卡，穿上小珠子，打结

另外一边用同样的方法完成后，一个束口袋就完成了。

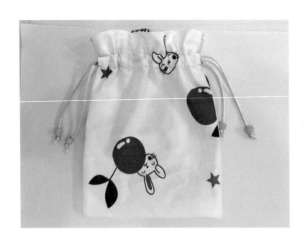

四、完善与改进

这个束口袋是一个平面的造型，我们可以用方法把它变成一个立体的束口袋，具体步骤如下：

1. 翻到反面，先画出袋子的底边，然后将其对准一边袋身的缝合线，折出三角形，用笔画一条线，另一边用同样的步骤完成。注意此时两边要对称，画线的长度即为束口袋的厚度。

想一想

画线的长度和立体束口袋的什么因素（长、宽、高）有关系？

2. 缝合这两条线，完成后沿缝合线 0.5 厘米处剪掉。

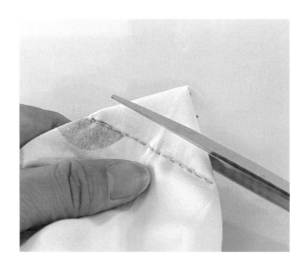

3. 翻到正面，如左下图所示整理好袋底的角，一个漂亮的立体束口袋就完成了。

拓展与思考

通过前面的制作，相信你一定能制作出满意的束口袋了吧，如果让你直接画出立体束口袋的裁剪图，你能尝试画出来吗？

学习单

【学习目标】

1. 根据实际需求构思方案，绘制裁剪图，科学排料裁剪；

2. 掌握攻针、回针、缲针等针法，完成束口袋的制作；

3. 通过束口袋的设计和制作，体悟劳动成果来之不易。

【项目前置调查】

请搜索束口袋的制作方法，并进行记录。

工具：＿＿＿＿＿＿＿＿＿＿＿＿＿＿＿＿

材料：＿＿＿＿＿＿＿＿＿＿＿＿＿＿＿＿

制作过程：＿＿＿＿＿＿＿＿＿＿＿＿＿＿

【任务一】绘制束口袋的设计草图

要求：标注好尺寸。

【任务二】绘制束口袋的裁剪图

要求：标注好尺寸。

【任务三】编制束口袋的制作工艺流程

请给下框进行连线，编制出合理的工艺流程。

顺序	环节	针法
1	缝束口线（上）	攻针
2	缝束口线（下）	回针
3	缝侧边	缲针
4	穿束口绳	锁边针
5	装小珠子	……

【任务四】按照制作工艺流程完成束口袋的制作

1. 缝制束口袋的侧边时，为防止把抽绳线位置也缝上，在缝制时可以怎么办？

_____

2. 缝制抽绳位置的两道线时要注意什么？

_____

【任务五】创新立体束口袋

1. 采用了什么方法？

_____

2. 如何确定立体束口袋的宽度？

_____

【项目评价】请根据束口袋劳动实践情况进行自我评价，在评价表中相应的位置画"☆"（很好☆☆☆，好☆☆，还需努力☆），完成自我评价后请同学或老师进行评价。

评价内容		评价标准	自我评价	他人评价
劳动观念		积极、主动参与		
劳动能力	整体效果	大小合适		
		使用方便		
		制作牢固		
	运针技法	针法恰当		
		针脚整齐		
		针距均匀		
劳动习惯和品质		桌面整洁		
		工具归位		

【项目实践体会】

_____

_____

_____

【课后拓展】

这个束口袋一定很棒吧！课后可以继续根据需要去制作相应的束口袋。请思考完善后的立体束口袋的裁剪图，并绘制出来。

主题篇　项目作品（综合类）

　　前一个部分的基础类作品，我们通过主题作品的制作，经历设计和制作的一般过程，在其中关注技法的选择和运用，更侧重于布艺作品的制作本身。本单元设计了五个综合类作品，分别是手绢、沙包、香囊、笔袋、收纳盒，这五个作品又分别和不同的领域相互交融，彰显了跨学科的特色。

　　以手绢为例，它是中国传统文化的一部分，通过制作手绢可以走近手绢，我们对它的文化内涵等有更深的理解，在制作时需要手工布艺作为基础，美化时还需要审美的加持等，这时就进行了知识的跨界，这里的跨界也是一种思维的跨界，如学科的跨界，看似不相同的学科，背后遇到相似的基本问题，而解决相似问题能够把不同学科的思维方式联系互通，从而促进知识的贯通和问题的解决。再比如粽子香囊，虽然只是一个简单的四面体，但它和几何学关系密切，从几何学分析，四面体粽子具有稳定性强、不易变形、外观整齐、不易碎裂等优势，所以可以从一众粽子中脱颖而出，成为主流。再比如沙包则是学生体育课中的重要道具；笔袋和收纳盒均可以利用废旧材料来完成制作，在此不一一赘述。

　　当前，跨学科成为基础教育改革的发展趋势，带来的是各学科教学方式与教学资源的创新与改革。本单元选择合适的项目载体，可以很好地转换角

度，使劳动项目在实践过程中和其他学科相互交融，运用学科知识解决问题，更好地为项目的开展服务，促进劳动兴趣的培养和知识技能的学习，落实劳动素养，同时也能凸显劳动教育的"跨界"属性，实现学科综合育人。

项目一　手绢

手绢，也叫手帕，最初由头巾演化而来，随身携带的方形小块织物，用来擦汗或擦鼻涕等，使用手绢除了是一种文化传统，更大程度是因为绿色环保理念，可减少餐巾纸等一次性用品的消耗，"少用纸巾，多用手帕"已成为潮流。

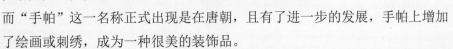

知识窗

手帕起源于中国，历史悠久，最早出现在先秦时期，称之为"巾"，到了东汉时期，"巾"的一种演变即为手帕。汉乐府长篇叙事诗《孔雀东南飞》中有"阿女默无声，手巾掩口啼"，"手巾"就是指擦眼泪的手帕。

而"手帕"这一名称正式出现是在唐朝，且有了进一步的发展，手帕上增加了绘画或刺绣，成为一种很美的装饰品。

随着时代的发展，手帕不仅可以用来擦拭眼泪，而且具有表达情谊的作用，在社交礼仪中，是一种重要的体现。

情境导入

还记得小时候妈妈用别针固定在我们衣服上的那条手绢吗？我们曾经用它来擦嘴、擦汗，长大后，使用手绢反而较以前变少了。从文化传承角度，手绢是中国传统文化的一种象征；从环保角度而言，我们应该继续使用，所以本项目中，大家就来制作一条手绢吧。

劳动准备

一、项目规划

自制手绢时可根据自己的需求来确定尺寸，本项目中拟制作尺寸为 20 厘米 ×20 厘米的手绢。

手绢的魅力在于制作的工艺，可以手绘，也可以刺绣；在制作材质上，可以是绢、丝、棉等；在选题内容上，可以是典雅的梅兰竹菊，也可以是自己喜欢的图案。

本项目中可选用白色棉布，装饰部分可以缝绣上喜欢的图案，也可选择有花色的布。

二、工具与材料

准备好剪刀、针、布、线、熨斗等，如下图所示。使用熨斗一定要注意安全。

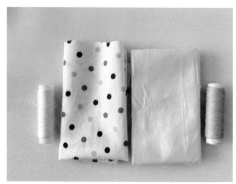

劳动实践

一、画裁剪图

成品手绢的尺寸为 20 厘米 ×20 厘米，如果卷边为 0.7 厘米，考虑到卷边过程中会有一点的布料损耗，所以需要留 1.5 厘米，如下图所示。

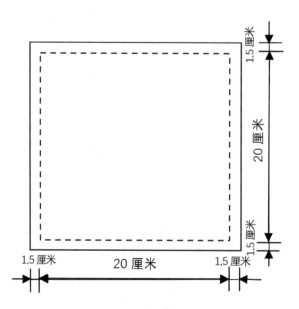

二、画样与裁剪

根据裁剪图进行画样，裁剪出一个 21.5 厘米 ×21.5 厘米的正方形。

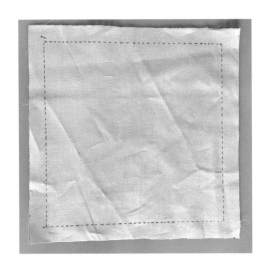

三、制作流程

1. 卷边

卷边是手绢缝制前重要的一步，要求卷边后四条边挺直，四个角均为直角，然后才能进行缝制，否则直接影响了效果和美观度。

布料反面朝上，一条边先向内折 0.7 厘米，再沿着轮廓线向内折叠 0.7 厘米。

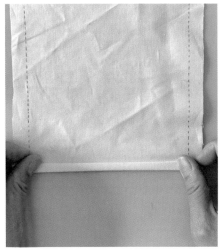

在此过程中可借助珠针来固定，也可以使用熨斗来熨烫固定折痕，使用熨斗时注意安全，依次完成四条边的折叠。

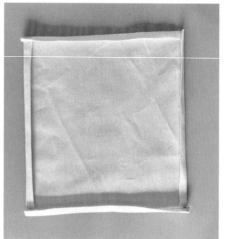

2. 缝制

用缲针完成缝制。

完成后的手绢从正面看整体效果较好，四个角均呈现为直角，但仔细看手绢右上角，有一些卷边后的布料露在外面，影响了美观。因此在直角卷边的处理部分，可以有一些方法来加以改进。

3. 美化

这里可以运用刺绣的方法来完成。刺绣的目的不仅仅是好看，还赋予了一定的美好含义，根据实际需求选择喜欢的图案，可以是植物、动物，也可以是有蕴意的字符，如姓氏等，运用所学的针法完成缝绣。当然，制作好的白色手帕也可以采用扎染的方式来进行美化。

四、完善与改进

这里需要对直角的折法做一个调整，为了不露出余料，可以通过一定的方法把布料隐藏起来，最后出现两个45°角拼接而成的直角。以一个直角为例展开。

右图中红色虚线为缝边线，到边缘约1.5厘米；另外画出两条黑色虚线辅助线，到边缘均为0.7厘米；再标出两个点：左下角的顶点为1，红色线的交点为2。

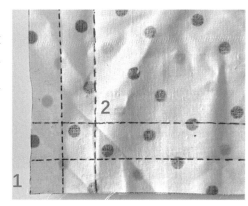

具体步骤为：

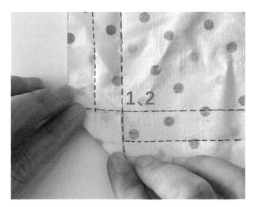

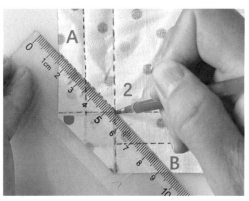

第一步：布料反面朝上，将左下角小正方形沿对角线折叠，让1点和2点重合，出现一个等腰三角形

第二步：过2点画一条平行于三角形底边的辅助线 AB

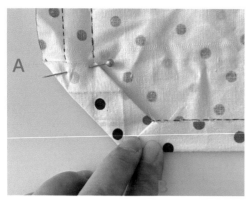

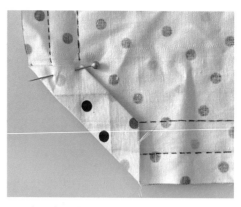

第三步：沿辅助线 AB 往上折，作为下底折出
一个梯形，必要位置可用珠针固定

第四步：将一条边沿黑色辅助线向上
折，对准红色的缝边线

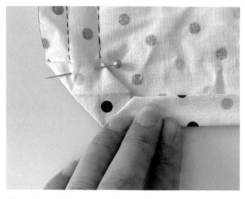

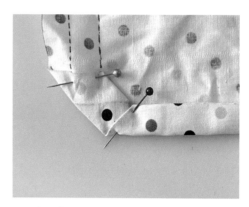

第五步：继续沿红色的缝边线向上折，出现一
个45°的角

第六步：一条边卷边折叠结束，及时
用珠针进行固定

　　另外一条边重复第四步至第六步的步骤，直至出现另外一个 45° 的角，
完美拼成一个直角，如下图所示，这时在直角外不再看到多余的布料。

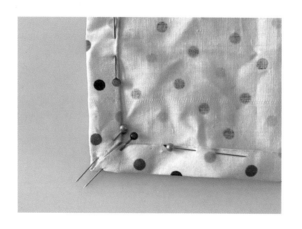

拓展与思考

本项目中采用缲针完成手绢的制作，在实践过程中还可以选用其余的针法，如攻针、回针等，下图展示了一种新的针法：三角针，请同学上网去查询资料，根据其步骤及操作要领，尝试进行操作。

学习单

【学习目标】

1. 了解手绢的发展历史，初步掌握手绢的制作方法；

2. 选择合适的针法制作和美化手绢，感受传统文化的同时，感受传统工艺的精湛；

3. 通过手绢的制作，培养不怕困难的精神和耐心细致的劳动品质。

【任务一】对比手绢和纸巾的特点

	手帕	纸巾
材料		
用途		
价格		
环保		
文化		

你认为_____更有文化内涵，更具环保理念，值得推广。

【任务二】手绢的设计规划

1. 手绢的设计主题

_____

2. 手绢的赠送对象

_____

3. 画出手绢的设计草图，要求标注各部分的尺寸

4. 请填写手绢的制作流程

_____

【任务三】按照制作工艺流程完成手绢的制作

1. 制作手绢时，需要先卷边，你能想出几种卷边方法。

方法一：_____

困难点：_____

解决办法：_____

方法二：_____

困难点：_____

解决办法：_____

你会选择哪一种？为什么？

_____

2. 在缝制卷边时可选用下列针法，请比较各自的特点，填写在下表中。

针法	优点	缺点
攻针		
回针		
缲针		

你选择的针法是_____

3. 手绢上你准备如何装饰？

_____

图案的含义 ？_____

采用什么针法？_____

【任务四】美化手绢

1. 制作好的手绢是否存在问题？如有，请描述。

_____

2. 请思考解决问题的办法，记录下来。

_____

【项目评价】请根据手绢劳动项目实践情况进行自我评价，在评价表中相应的位置画"☆"（很好☆☆☆，好☆☆，还需努力☆），完成后请同学或老师进行评价。

评价内容		评价标准	自我评价	他人评价
劳动观念		积极参与		
劳动能力	设计规划	设计合理		
		草图清晰		
	整体效果	卷边平整		
		直角美观		
		图案生动		
	运针技法	针法恰当		
		针脚整齐		
		针距均匀		
劳动习惯和品质		桌面整洁		
		工具归位		
劳动精神		精益求精		

【项目实践体会】

_____

_____

【课后拓展】

请自学三角针，尝试用三角针来制作手绢。

项目二 沙包

沙包是一种用于练习投掷的器材，一般在用厚布制成的小袋中装入填充物。用沙包做游戏，不仅锻炼身体，而且可以通过说、唱等认知活动进行相关领域的学习活动，开阔了知识视野，促进全面发展。

知识窗

丢沙包是一个经典的群体性游戏，曾经风靡全国，很受孩子们的欢迎。其基本规则是用沙包作为武器丢掷对方，在规定场地内前后各一名投手用沙包投击对方，被击中者就罚下场，若被对方接住，则此人可以增加"一条命"，或者让一个本已"阵亡"的战友重新上场。

情境导入

丢沙包游戏非常消耗体力，同时也充分考验人的反应能力和体力，虽然很累，但为什么能让孩子们乐此不疲？主要是因为玩这个游戏需要团队协作精神，否则就很容易输掉比赛。为了测试同学们之间的默契度，我们就来制作这个测试工具——沙包。

劳动准备

一、项目规划

沙包的常见形状有以下几种，下图左边为正方形沙包，只需要把两块正方形布料进行缝合，装入填充物即可；下图右边为正方体沙包，有六个面，因此需要六块布料进行缝合，我们就来制作这个沙包。

　　找一些零散的碎布头作为主材料，确定好制作一个拼布沙包，尺寸为7厘米×7厘米×7厘米，此时可确定成品沙包的每条边边长为7厘米，绘制裁剪图时要考虑每条边预留0.5厘米左右的缝头。

二、工具与材料

　　除了手工布艺制作所需的工具和材料外，沙包内部需要一些填充物，传统的沙包里面装的是沙子，为了方便，也可以装入米、红豆、绿豆等。

劳动实践

一、绘制裁剪图

　　裁剪图如下图所示，共需要六个7厘米×7厘米的正方形，且每条边外面留约0.5厘米的缝边。

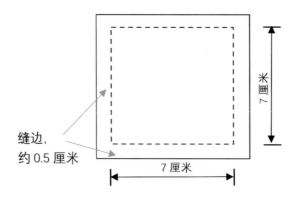

缝边,
约 0.5 厘米

7 厘米

7 厘米

二、排料、画样与裁剪

在布的反面贴边取材进行画样,然后进行裁剪,得到六块正方形布块,如右图所示。

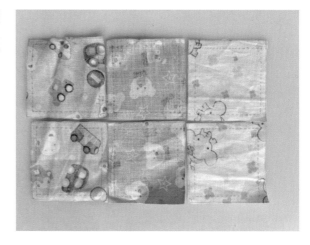

三、制作流程

由于制作的是拼布沙包,这里选择将颜色相同的两块布放在平行面。先来看一下沙包的平面展开图,再根据展开图确定缝制的流程。

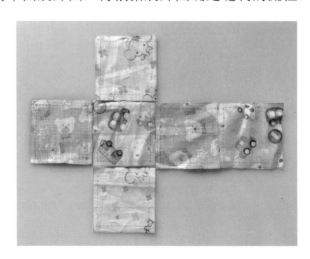

这里需要注意的是，布料在缝合时是正面相对，在反面进行缝合，要求针脚紧密均匀。缝制的顺序是不固定的，下面我们介绍其中一种顺序。

1. 缝合底部四条边

根据展开图，按如图顺序从第一条边开始缝合，缝合时注意正面相对沿着缝合线进行缝制，完成后依次缝合其余几条底边，直到完成四条底边的缝合，如右下图所示。

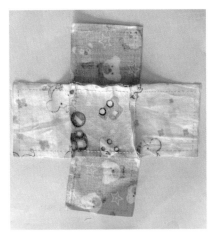

2. 缝合两条侧边

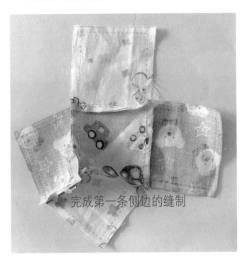
完成第一条侧边的缝制

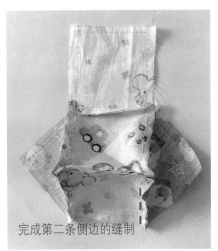
完成第二条侧边的缝制

3. 缝上顶部的布块

按下图红色虚线所示，完成缝合。

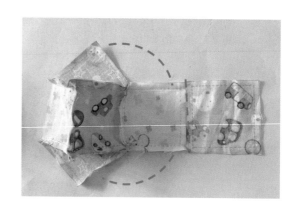

4. 缝合另外两条侧边

如上图蓝色弧线所示，缝合剩余两条侧边，出现一个带着盖子的正方体。

5. 缝合顶部

此时顶部已经缝合好一条边，还有三条边没有完成。

（1）缝合其中两条边，然后从最后一条没有缝合的边进行翻面，注意正方体的角要翻出，尽量做到细致美观。

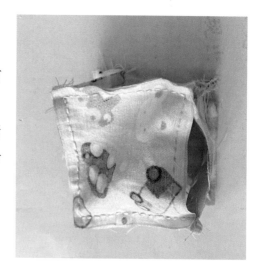

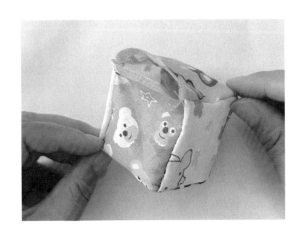

（2）放入填充物

选取容易获取的材料，这里准备放入大米，注意适量，三分之二左右即可。

6. 封口

将缝头向内翻折，用藏针缝边，完成作品。

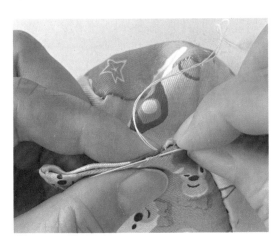 

拓展与思考

上述拼布沙包，由于花色相同的两个面是平行的，所以在裁剪时需要剪出六个面进行缝合，花费的时间较长。如果不考虑这个因素，调整裁剪图则可以提高整个制作过程的效率，尝试画出相应的裁剪图，并且列出制作工艺流程。

如果采取小组合作的方式，也可以提高效率，请思考相应的调整方案。

学习单

【学习目标】

1. 根据实际需求设计沙包的制作流程；

2. 选择合适的针法完成沙包的制作；

3. 通过沙包的设计与制作，体验劳动的艰辛和快乐，形成劳动效率意识。

【了解沙包】

1. 我知道的关于沙包的形状有

_____

2. 找一找，各种各样的沙包有哪些共同点

_____

【任务一】沙包的设计

1. 我准备做 _____（形状）的沙包，尺寸为：

　长_____厘米

　宽_____厘米

　高_____厘米

2. 根据沙包尺寸，完成零件的裁剪，注意要留相应的缝边_____厘米。为提高效率的同时确保每块布料大小相同，可采用什么方法？

_____

【任务二】编制沙包的制作工艺流程

1. 请设计拼布沙包的制作工艺流程，将相应的编号填写到下边的框内。

A. 缝合底部

B. 缝合侧边

C. 缝合顶部

D. 装填充物

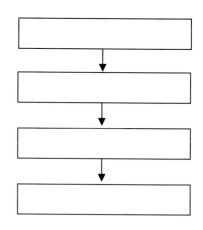

2. 如果你的制作步骤跟上述步骤不一样，请在下框中写出。

【任务三】根据制作工艺流程完成沙包的制作

1. 你在缝制沙包时采用什么针法，为什么？

_____

2. 你在缝制沙包时遇到什么困难，如何解决？

_____

3. 你会在沙包里填充什么材料？填充多少？

_____

【项目评价】请根据沙包劳动项目实践情况进行自我评价，在评价表中相应的位置画"☆"（很好☆☆☆，好☆☆，还需努力☆），完成后请同学或老师进行评价。

评价内容		评价标准	自我评价	他人评价
劳动观念		积极参与		
劳动能力	设计规划	设计合理		
		流程清晰		
	整体效果	缝制牢固		
		造型美观		
	运针技法	针法合适		
劳动习惯和品质		桌面整洁		
		工具归位		

【项目实践体会】

_____

_____

_____

【课后拓展】

以小组为单位合作制作沙包，会提高制作的效率，以 3 人为一个小组，设计相应的制作流程，并记录下来。

项目三　香囊

香囊是古代一种民间刺绣工艺品，又名香袋、香包、容臭、锦囊等，在囊中放入香料，冠名"香囊"。随着历史的发展，香囊的含义有了新的变化，并非只有囊中放香料才叫香囊，一般雅称很多盛放小件贵重物品或有一定含义的囊袋为香囊。

情境导入

中国有很多传统节日，如春节、中秋节、端午节等，每个节日都有着自己的庆祝方式，比如端午节，这一天人们会吃粽子、赛龙舟、挂艾草、佩香囊等，在所有的端午习俗中，最富有温馨气息的莫过于制作和佩戴香囊了，装了艾草、菖蒲等杀菌作用的香囊不但能驱散夏天的蚊虫，而且有装饰作用，今天我们就来为端午节制作一个特别的香囊吧。

知识窗

端午节又称端阳节、龙舟节、重午节等，日期在每年的农历五月初五，是集拜神祭祖、祈福辟邪、欢庆娱乐和饮食为一体的民俗大节。传说战国时期的楚国诗人屈原在五月初五跳汨罗江自尽，后人亦将端午节作为纪念屈原的节日。

端午文化影响广泛，世界上一些其他国家和地区也有庆贺端午的活动。2006年5月，国务院将其列入首批国家级非物质文化遗产名录；自2008年起，被列为国家法定节假日。2009年9月，联合国教科文组织正式批准将其列入《人类非物质文化遗产代表作名录》，端午节成为中国首个入选世界非物质文化遗产的节日。

劳动准备

一、项目规划

众所周知，粽子除了口味不一样外，其形状也是
五花八门的，有三棱锥形、竹筒形、长方形、圆锥形等，
其中以四角粽子，即三棱锥形的粽子最为常见。当粽
子做成三棱锥形时，会具有不易变形、不怕摔、造型
好看等优点。

结合以上分析，本项目制作一个三棱锥形的粽子
香囊，里面可以装上艾草。接下来用一块长方形布就可以完成一个四面体。

二、工具与材料

准备好针、线、剪刀、尺、艾草等，如下图所示。

劳动实践

一、画裁剪图

制作粽子香囊的长方形布尺寸为7厘米×14厘米，见下图虚线（缝合线），
考虑到制作时的缝边，周围留0.5厘米的缝边，见下图实线。

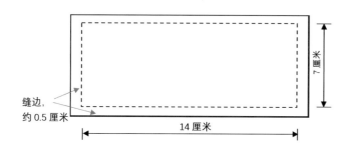

二、画样、裁剪

根据裁剪图进行画样，裁剪。

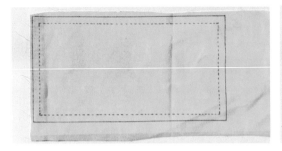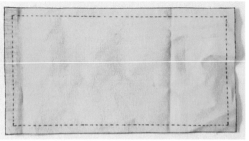

三、制作流程

1. 将绳子打好结，夹在布中间（正面），注意结的位置在两片布之间，然后将布对折，沿着缝合线用珠针固定，出现正方形 ABCD。

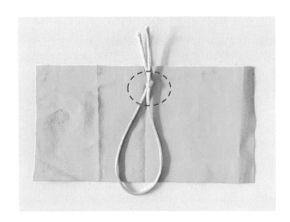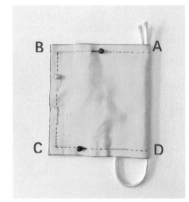

2. 沿着绳子从正方形的一个端点 A 开始缝制，此处注意让缝纫线穿过绳子，更加牢固，分别缝合两条边 AB、BC。

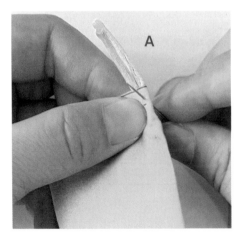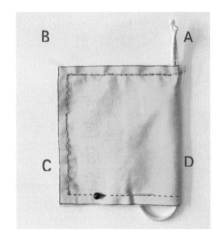

3. 沿着未缝合的边 CD 翻到正面。

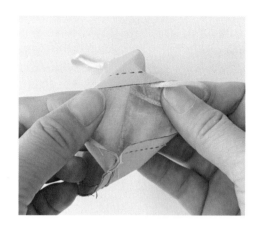 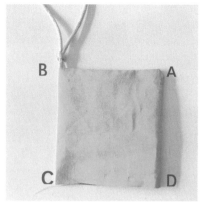

4. 将返口处（边 CD）缝边折进去 0.5 厘米，再如下图所示将点 C 和点 D 重合，两边拉直捏合后得到一个正四面体。

 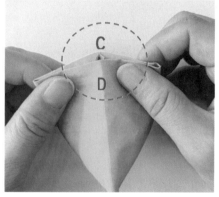

5. 用藏针法缝合，缝合结束前留适当空隙放入艾草，再次进行缝合。

缝好之后调整一下，一个艾草粽子香囊就完成啦。

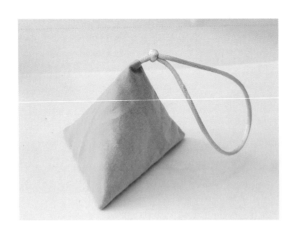

做一做

如果觉得布料比较软，做好之后不易造型，可以在里面加上铺棉，此时的裁剪图该如何画？制作流程又该如何调整呢？

四、完善与改进

本项目中如果香囊中需要更换艾草，则需要拆开香囊，再次缝合才能实现，能否进行改进，制作一个可以灵活更换填充物的粽子香囊呢？在原来的基础上增加一个"粽帽"即可实现，下面以无纺布作为材料来制作。

1. 裁剪，绿色为粽身，尺寸 7 厘米 ×14 厘米，米白色为粽帽，尺寸 7 厘米 ×8 厘米。

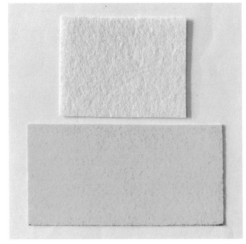

2. 缝制

（1）分别找到绿色长边和米白色短边的中心点，做标记。将米白色布翻面，使两个标记对准，用锁边缝缝合重合的部分。

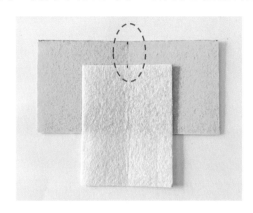 

（2）如下图所示，展开→对折→放挂绳→缝合绿色部分的两条边，注意在两条边的交点处要缝合打好结的绳子。

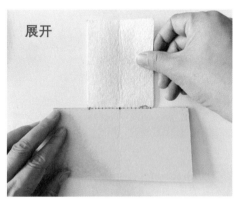 

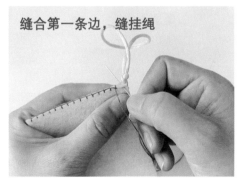 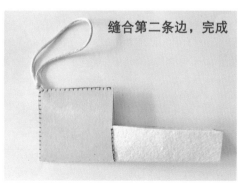

（3）米白色布块对折后缝合距边缘处约 1.5 厘米。

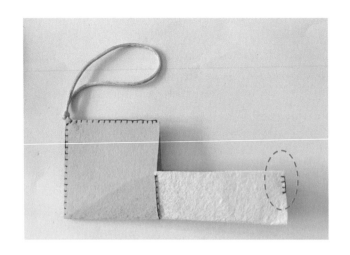

（4）分别整理绿色粽身和米白色的粽帽，从开口处放入艾草即可，可以把艾草放进茶叶袋，再装进粽身。

戴上粽帽，一个可爱的、可替换内芯的粽子香囊就完成啦。

拓展与思考

请参考下图思考正四面体粽子香囊的制作流程。

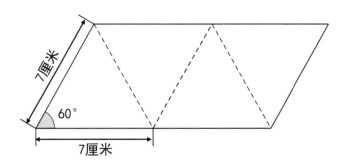

学习单

【学习目标】

1. 了解端午节的文化内涵，能设计粽子香囊的制作流程；

2. 综合运用所学技能完成粽子香囊的制作，并进行创新，发展创造性劳动的能力；

3. 通过粽子香囊的设计与制作，初步形成积极探索、追求创新的精神。

【项目前置任务】

1. 你知道中国的传统节日有哪些吗？

_____

2. 请列举端午节的习俗。

_____

_____

3. 请根据粽子的种类和形状，分析相应的特点

粽子的种类	形状	特点
三棱锥形		
枕头形		
牛角形		

【任务一】情况分析

1. 从制作用料来看，_____（形状）粽子所需粽叶材料最少；

2. 从稳定性来看，_____（形状）粽子结构最稳定；

3. 从造型来看，_____（形状）粽子无论怎么摆放都是整齐地平躺着。

所以我选择制作_____（形状）的粽子香囊，如有其他理由，请列出：_____

【任务二】粽子香囊的设计

以三棱锥形粽子为例，画出其设计草图，要求标注好尺寸。

【任务三】编制粽子香囊的制作工艺流程

【任务四】按照制作工艺流程完成粽子香囊的制作

制作粽子香囊时：

缝制_____可以运用_____技能（针法）

缝制_____可以运用_____技能（针法）

【任务五】调整完善粽子香囊

香囊内填充物无法直接换，因此可思考制作可替换内芯的香囊，你有什么好办法？

_____

_____

【项目评价】请根据香囊劳动项目实践情况进行自我评价，在评价表中相应的位置画"☆"（很好☆☆☆，好☆☆，还需努力☆），完成后请同学或老师进行评价。

评价内容		评价标准	自我评价	他人评价
劳动观念		积极参与		
劳动能力	设计规划	设计合理		
		草图清晰		
	整体效果	外观大方		
		尺寸合适		
	运针技法	针法恰当		
		针脚整齐		
		针距均匀		
劳动习惯和品质		桌面整洁		
		工具归位		
劳动精神		勇于创新		

【项目实践体会】

_____

_____

_____

【课后拓展】

你知道如何制作三棱锥形粽子香囊吗？请绘制出裁剪图，设计相应的制作流程，并且记录下来。

项目四　笔袋

笔袋又称铅笔包、拉链文具袋，它是文具盒的延伸，具有文具盒无法达到的妙处。用笔袋来装笔或其他小型文具，比文具盒携带更方便，手感更舒服，更加节省空间。

情境导入

同学们每天上学时都需要携带一些文具，如笔、橡皮、尺等，并且每天都要进行整理和收纳，如何让这些物品更容易收纳携带呢？这时你应该需要一个笔袋。大家可以根据自己的需求和喜好，设计制作一款笔袋，让我们在使用时不但能够享受便利，更能体验个性化的作品带给自己的愉悦。

劳动准备

一、项目规划

本项目要设计和制作个性笔袋，首先了解一下常见的笔袋的结构，常见的有以下几种：

本项目中以三角形笔袋的制作为例：选材时可以用废弃的牛仔布，笔袋的大小要根据所需容纳的物品来确定，拟确定尺寸为：长 21 厘米，底宽 6 厘米，笔袋侧面为等边三角形。

二、 工具与材料

准备好裁剪刀、手缝针、线、顶针、拉链、布料等，如下图所示。

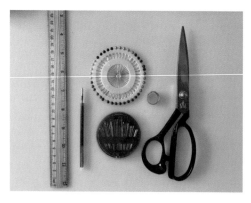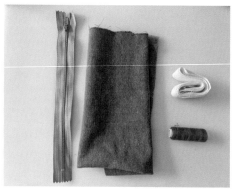

劳动实践

一、绘制裁剪图

本项目中三角形笔袋的侧面采用中间拼接的方式，是完全对称的结构，所以绘制裁剪图时只需画出一半，实际裁剪时将布对折后裁剪即可。图中虚线为缝合线，虚线到实线为缝边，此处缝边留约 0.7 厘米。

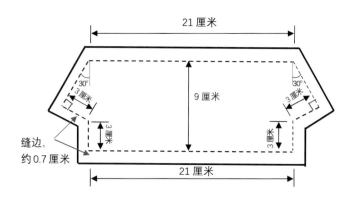

二、绘图、排料与裁剪

1. 将布料对折后，按照裁剪图画样，注意先大后小、节省材料、尽量利用布边。

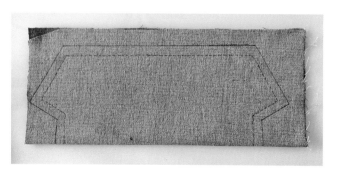

2. 裁剪，裁剪时注意安全，裁剪后收纳处理好剪下的余料。

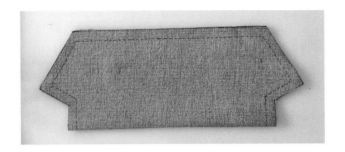

三、制作流程

1. 缝袋口（拉链）

（1）将袋口边缘翻折进去 0.5 厘米，压住一边拉链的正面缝合边，用珠针固定。

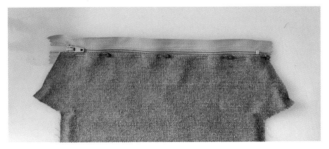

为了保证牢固度，这里采用回针的方式，注意开始缝合时先把拉链的端点处进行折合。

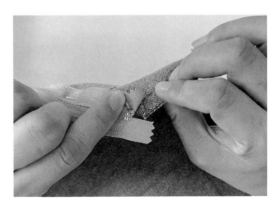

缝合到结尾处，拉链的另一个端点采取同样的处理方式，完成一条拉链的缝制。

另一边采用相同的操作，完成袋口。

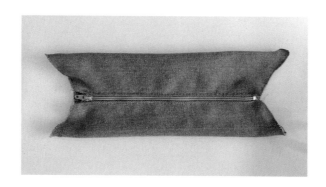

2. 缝袋身

将笔袋翻到反面，整理好以后分别沿侧边的缝合线进行缝合。

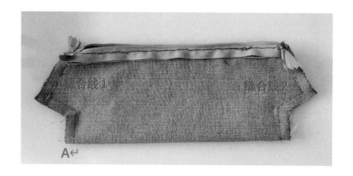

3. 缝袋底

在笔袋底部，如上图所示 A 点做个标记，打开已经缝合好的一条侧边，让侧边的缝合线和标记点重合,形成笔袋袋底的一条边线,见右下图橙色虚线,用回针进行缝合。

另一条边也采用同样的方法，缝合完毕，笔袋就完成了。

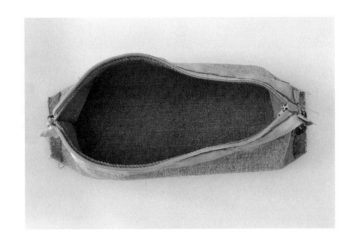

翻到正面，进行整理，可以试着放进一些文具。

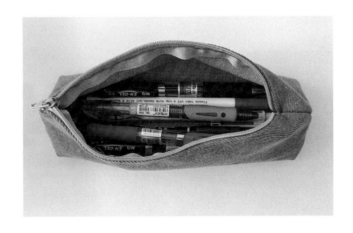

四、完善与改进

1. 这个笔袋里面的布存在一些毛边，所以在拿文具时偶尔会带出几根线头，时间长了也会影响牢固度，为避免这种情况，如下图所示对笔袋内的毛边用包边条进行缝合，直至完成四条毛边的包边。

这样一个自制笔袋比较单调，如果给它加上装饰就会增色不少。

想一想

如何给笔袋增加一个拎手？

拓展与思考

本项目中我们利用废弃的牛仔布制作完成了侧面拼接的三角形笔袋，如果侧面是一整块布的三角形笔袋，你能进行设计，绘制出裁剪图，并且制作出来吗？

学习单

【学习目标】

1. 根据实际需求构思方案，绘制出笔袋的设计草图，能根据草图绘制出裁剪图；

2. 选择合适的针法制作笔袋，感受传统工艺技术的精湛；

3. 通过设计与制作笔袋，感受劳动创造价值，体悟劳动的快乐。

【任务一】收集资料，展开分析

款式	实物图片	制作难度
方形款		
三角款		
双层款		

通过比较，确定制作目标：制作＿＿＿＿＿＿＿（形状）的布艺笔袋。

笔袋的结构：＿＿＿＿＿＿＿＿＿＿＿＿＿＿＿＿＿＿＿＿＿＿＿＿

笔袋的材质：＿＿＿＿＿＿＿＿＿＿＿＿＿＿＿＿＿＿＿＿＿＿＿＿

笔袋的封口方式：＿＿＿＿＿＿＿＿＿＿＿＿＿＿＿＿＿＿＿＿＿＿

【任务二】测量文具的尺寸，确定笔袋的尺寸

1. 水笔：长＿＿＿＿＿＿，数量＿＿＿＿＿＿

2. 直尺： 长_____，宽_____，数量_____

3. 其他文具：_____

笔袋与文具之间的尺寸关系：笔袋的长宽由_____决定。

【任务三】根据需求构思设计方案，绘制裁剪图

1. 如右图所示，三角形笔袋的侧面是由两个相同的小三角形布块缝合而成的，如果侧面为等边三角形，则∠1为_____（填写角度）。

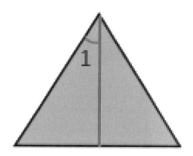

2. 绘制裁剪图

要求：（1）标注单位、尺寸；（2）留出缝边，满足缝制要求。

【任务四】编制笔袋的制作工艺流程

请将下文中左边的缝制环节填入右边的"缝制顺序"一栏，并填上相应的针法。

缝合口袋

缝合底袋

缝合袋身

缝绣装饰物

缝制顺序　　　　　　　　针法

【任务五】根据制作工艺流程完成笔袋的制作

整个制作中最难的操作是＿＿＿＿＿＿＿＿

如何克服这个困难＿＿＿＿＿＿＿＿＿＿＿

【项目评价】请根据笔袋劳动项目实践情况进行自我评价，在评价表中相应的位置画"☆"（很好☆☆☆，好☆☆，还需努力☆），完成后请同学或老师进行评价。

评价内容		评价标准	自我评价	他人评价
劳动观念		积极参与		
劳动能力	设计规划	设计合理		
		草图清晰		
	整体效果	尺寸合适		
		使用方便		
	运针技法	针法恰当		
		针脚整齐		
		针距均匀		
劳动习惯和品质		桌面整洁		
		工具归位		
劳动精神		勤俭节约		

【项目实践心得】

_____

_____

_____

【课后拓展】

请思考侧面一片式三角形笔袋的做法，尝试画出裁剪图。

项目五　收纳盒

收纳包含"收"与"纳"，是将物品收容、存纳，从而使视觉上更整齐、容量上变得更大、物品拿取更方便。收纳盒作为收纳的重要工具，通过整理归纳物品，能够更轻松、更便利地生活，提高生活体验和品质。

情境导入

同学们家里经常收到快递吧，快递纸盒是不是直接扔掉了啊？同学们家中的旧衣服、旧床单又是如何处理的呢？如果扔掉的话，违背了"低碳环保"的理念，我们可以变废为宝，用废旧布料加上纸盒制作收纳盒，那就让我们一起体验一下其中的乐趣吧。

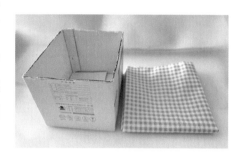

劳动准备

一、项目规划

此项目中拟考虑用布包住底面、四个侧面，并且侧面是内、外都需要包住的，如右图所示，所以要从纸盒外部进行测量，记录下相应的长、宽、高。

长 11.5 厘米，宽 9.3 厘米，高 8.5 厘米。

然后计算所需布料的尺寸，设计时需要考虑纸盒本身的厚度、缝边等。如右图所示所需布料的尺寸为：

长度 = 纸盒长度 +2× 缝边 +2× 纸盒厚度 +4× 纸盒高度

宽度 = 纸盒宽度 +2× 缝边 +2× 纸盒厚度 +4× 纸盒高度

二、工具与材料

准备好纸盒、布、针、线等，如下图所示。

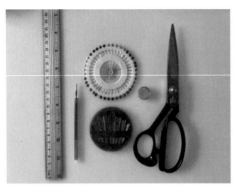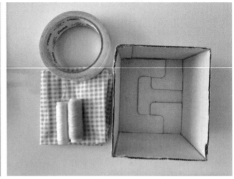

劳动实践

一、绘制裁剪图

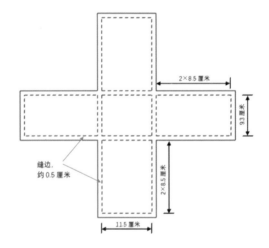

二、绘图、排料与裁剪

根据裁剪图，绘图、排料后进行裁剪，出现右图所示图形。

三、制作流程

1. 制作盒身

如下图所示，将盒子底部放在布料上，此时只要将虚线连接的两条边进行缝合，依次缝合好四条边，就可以得到一个长方体。

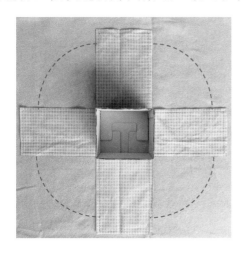 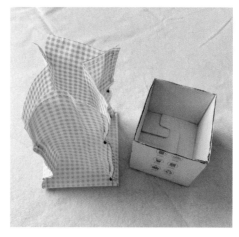

布料的正面相对，用珠针将对应四条边的缝合线全部固定好，依次进行缝合，完成后翻到正面，将纸盒装进去。

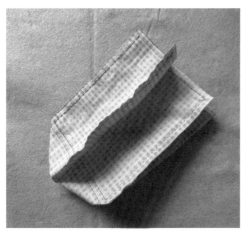 

将四个角整理好，里布也整理平服。

2. 制作盒底

找一块硬纸板，根据纸盒的尺寸进行裁剪后包上一层布即可。可以利用刚才裁剪后的小布块来完成。小布块的面积要大于底面纸片，且布的反面包住纸片。

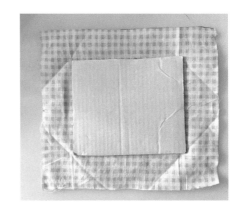

制作纸盒底的步骤：

（1）布反面朝上，硬纸板放在上面，沿着硬纸板的一个角将布进行翻折，如左下图所示，用胶枪进行固定，用同样的方法固定硬纸板其余的角。

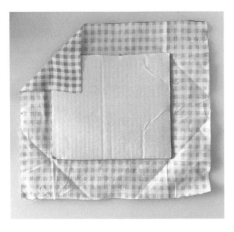 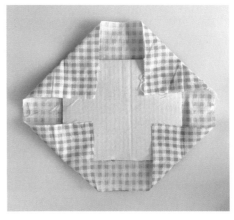

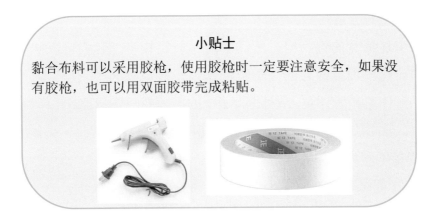
（2）沿着硬纸板的四条边分别将布翻折，用胶枪固定，完成后见左下图，翻过来得到一块平整的盒底，见右下图。

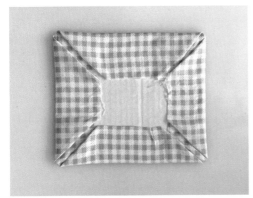

把盒底放入纸盒中，一个桌面收纳盒就完成了，试试用它来进行收纳吧。

四、优化与改进

对于上述纸盒的再利用，所需要的布料比较多，我们可以想办法来节约一些布料。这个项目的目的在于给纸盒做一件漂亮的"衣服"，之前我们给它穿上了一件漂亮的外衣，从外向里穿，如果改变一下思路，同样做一件衣服，穿在里面，外面加上一些其他的装饰，同样也可以完成改造。具体方法如下。

1. 测量纸盒内部的尺寸，做好记录。

长 11.1 厘米、宽 8.9 厘米、高 8.3 厘米。

根据这个尺寸制作一个长方体布袋，放在纸盒里面，从纸盒的边缘翻出多余的布料，此时纸盒外可预留 2 厘米左右。下面部分可以找一些麻绳绕上，再贴上一些图案作为装饰。

2. 画裁剪图，由于布袋是装在纸盒内部的，所以四个面之间直接相连，不再需要留缝隙，缝合的四条边需要留缝边，翻出纸盒外的部分也不需要留缝边。

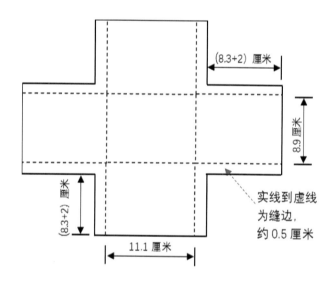

3. 参照前面的步骤一一缝合相邻边，出现一个长方体后，套在盒子里，里面的布整理平服，将顶部多余的布翻出纸盒外。

4. 下面露出的纸盒可以用麻绳有序缠绕好，如果有花边、小花等装饰物，也可以用来装饰收纳盒。一个文艺风的收纳盒就完成啦。

拓展与创新

如果纸盒的尺寸够大，则可以制作大的收纳盒，可以根据实际需要制作一些挡板放在收纳盒内，起到分隔作用，方便存放袜子、衣物等，相信你现在对于制作方形收纳盒肯定是得心应手了吧。生活中还有一些其他形状的收纳盒，如右图所示的六边形收纳盒，思考一下又是如何制作的呢？

学习单

【学习目标】

1. 能根据原材料灵活设计不同的制作方案；

2. 选择合适的针法完成收纳盒的制作，根据需求进行完善；

3. 利用废旧原材料加工形成作品，变废为宝的同时感受劳动的成就感和乐趣。

【项目前置任务】

1. 请你询问家人：家中如何处理废旧纸盒，如快递盒、鞋盒等？

_____

如何处理废旧衣物或布料等物品？

_____

你能通过其他渠道得知它们的处理方法吗？

_____

2. 请通过网络查找或现场调查等方式了解市场中收纳盒的种类、材质、形状、尺寸等信息，并做好记录。

（1）我喜欢的收纳盒，吸引我的原因是（可多选）：

外形□　　色彩□　　实用□　　价格□　　容易买到□　其他____

（2）我准备用这个收纳盒进行：

桌面整理□　　文具整理□　　袜子整理□　　　其他____

（3）如果要自制这个收纳盒，可能要用到的工具和材料有：

纸盒□　布□　剪刀□　针□　线□　尺□　胶带□　其他

明确任务：可以进行废物利用，自制收纳盒。

【任务一】测量纸盒的尺寸（单位：厘米）

长_____ ，宽_____ ，高_____ 。

【任务二】绘制收纳盒的设计草图（裁剪图）

【任务三】编制收纳盒的制作工艺流程

【任务四】按照制作工艺流程完成收纳盒的制作

1. 制作收纳盒时：

缝制_____可以运用_____技能（针法）

2. 缝制完成后必须把布翻到正面，这里要注意四个角_____

3. 为了让纸盒内的布尽量平服，你有什么办法？

_____

【任务五】收纳盒的美化

1. 在上述制作中，制作的布套在纸盒的外面，从外往里全部包住。

如果为了节约材料，可采用_____的方法。

2. 还可以借助其他什么材料来进行装饰？

_____

【项目评价】请根据收纳盒劳动项目实践情况进行自我评价，在评价表中相应的位置画"☆"（很好☆☆☆，好☆☆，还需努力☆），完成后请同学或老师进行评价。

评价内容		评价标准	自我评价	他人评价
劳动观念		积极参与		
劳动能力	设计规划	设计合理		
		草图清晰		
	整体效果	美观大方		
		布料平整		
	运针技法	针法恰当		
		针脚整齐		
		针距均匀		
劳动习惯和品质		桌面整洁		
		工具归位		
		认真负责		
劳动精神		勤俭节约		
		勇于创新		

【项目实践体会】

_____

_____

_____

【课后拓展】

思考六边形收纳盒的设计和制作，记录下你的想法。

后 记

作为一名长期从事劳动技术（劳动）教育教学与研究的一线教师，看到自己多年来的研究成果汇编成册出版时，内心十分感慨。

在多年从事劳动技术（劳动）教学中发现，大部分学生对于操作非常感兴趣，但往往是三分钟热度，遇到困难时就会产生畏难情绪，导致最后作品不成功，就会出现不珍惜、不爱惜，甚至随意丢弃的现象。怎样去改变这一现象，让每个学生都有所收获呢？这是我苦思许久的问题。恰逢"双新"改革，国家《义务教育劳动课程标准》（2022年版）颁布，我在认真研读、反复思索后决定去写这样一本指导手册，通过项目化内容的设置，激发学生参与劳动的主动性、积极性和创造性；通过《学习单》的驱动，引导学生通过设计、制作、试验、探究等方式获得丰富的劳动体验；通过综合评价——内容的多维化、方法的多样化、主体的多元化，关注劳动知识技能习得的同时，更关注正确劳动观念的树立和劳动精神的培育。

这些内容的设置都是为了帮助劳动项目更好地开展和实施，真正起到对实践的指导作用。2023年在区劳动教育新教师培训中我们使用了此书，并得到了很好的反馈。

本书编写过程中得到了上海市特级教师、正高级教师许建华老师的指导与帮助，在此表示衷心的感谢。在编写过程中，上海市松江区青少年综合实践教育中心的领导、华东政法大学附属松江实验学校的老师孙菁菁和上海市松江区天马山学校的老师徐伟等人，都给予了关心与无私帮助，在此表示一并感谢。由于编写时间仓促，再加上作者水平有限，书中可能存在错误或不当之处，敬请广大读者批评指正。

戴　敏

2023 年 8 月于上海